Chat GPT 未来已来

向凌云 —— 著

光明日报出版社

图书在版编目（CIP）数据

ChatGPT　未来已来 / 向凌云著 . -- 北京：光明日

报出版社，2023.8

ISBN 978-7-5194-7362-4

Ⅰ.①C… Ⅱ.①向… Ⅲ.①人工智能 Ⅳ.①TP18

中国国家版本馆 CIP 数据核字 (2023) 第 127559 号

ChatGPT　未来已来
ChatGPT　WEILAI YILAI

著　　　者：向凌云

责任编辑：许黛如　　　　策　　划：张　杰

封面设计：回归线视觉传达　　责任校对：曲建文

责任印制：曹　净

出版发行：光明日报出版社

地　　址：北京市西城区永安路106号，100050

电　　话：010-63169890（咨询），010-63131930（邮购）

传　　真：010-63131930

网　　址：http://book.gmw.cn

E－mail：gmrbcbs@gmw.cn

法律顾问：北京市兰台律师事务所龚柳方律师

印　　刷：香河县宏润印刷有限公司

装　　订：香河县宏润印刷有限公司

本书如有破损、缺页、装订错误，请与本社联系调换，电话：010-63131930

开　　本：170mm×240mm

字　　数：170千字　　　　　　印　　张：14.25

版　　次：2023年8月第1版　　印　　次：2023年8月第1次印刷

书　　号：ISBN 978-7-5194-7362-4

定　　价：68.00元

前言

"我们所看到的技术进步只是冰山一角，未来的科技将会远远超越我们现在的想象力。"

—— 雷·库兹韦尔

当我们站在未来的门槛前，就会不停地问自己：未来会是什么样子？这样的自问把我们的目光扭向众多属于未来的科技，并一眼看到了其中最为璀璨的一颗明星——ChatGPT。

ChatGPT，一位新来到这世间不久的聊天机器人，一位从人工智能自然语言处理领域中脱颖而出的佼佼者，它使人类第一次体验到，与自己对话的机器是有智慧的，体会到与之对话时的自然和舒适。

ChatGPT 的话语、文章和编程水平已经超过了 95% 以上的人类，其知识和多语言能力，则超过了全人类。目前，它的智商已高达83以上（GPT-4），不但能和人类就各种主题广泛对话，还能在各种考试和测试——程序员面试、大学入学和律师资格考试——中排到九成人类的前面。它在知识的广度上已无可匹敌，它在知识的深度上正奋起直追。ChatGPT 哪里像现代科技的聊天机器人啊！它分明来自于未来！在人类今后的发展中，无可怀疑地，ChatGPT将不再是一个辅助工具，而是一种无处不在的智慧存在。如果我们问，有什么事物正在迅速引起人类生活彻底的颠覆？那么，ChatGPT将是首选。

未来已来。人类已真正进入人工智能大发展的时代。这使我们开始思考，如何用各种全新的人工智能技术来改善我们的生活和工作？

作为一款基于神经网络和机器学习技术的聊天机器人，ChatGPT无疑是人工智能领域中的智慧之光。

在过去的60年中，聊天机器人从未真正通过图灵测试，也从未真正理解过人类语言。而今，ChatGPT终于打破了这个僵局。它强大的智能水平和海量的知识令人叹为观止，然而它仍在谦逊地通过自我学习不断提升中，始终保持着它超凡脱俗的风姿。

本书旨在全面介绍ChatGPT，讲它的历史和当下的应用，探讨它强大的技术内核，以及其广阔的发展前景。

从理论到实践，从知识储备到项目实施，本书努力为读者提供丰富多彩的视角，以帮助读者更好地了解它、掌握它、应用它，并进一步期望读者思考它给人类带来的深远影响。

本书共分为十章。第1~5章，从一般概念及各种应用的角度，详细阐述了ChatGPT技术的相关知识，讨论该技术的起源和演变及其在人工智能领域的崛起，以及与其他自然语言处理技术相比的强大优势。

第6~8章，进入ChatGPT的实际操作和应用领域，探讨ChatGPT技术的部署细节，并详细讨论它在各行业各场景中的实际应用及变现方式，涵盖智能医疗、智能金融、智能客服、智能助手等各行业场景，并深入研究ChatGPT技术在这些行业中将如何发挥作用，带来更快、更准的决策、创新的服务和强大的创造力。

　　第 9~10 章，对国内企业在自然语言处理技术方面的情况进行梳理，介绍目前各人工智能头部企业在该领域应用人工智能的情况。还介绍一些在应用智能聊天机器人及其他人工智能技术方面走在前面的企业，以使读者可以从这些企业身上学到一些东西。

　　本书旨在使读者更深入地了解正在重构人工智能并引领技术进步的 ChatGPT。有了本书的指南，就会明白，ChatGPT 正在改变我们与人工智能交互的方式，并做好准备，以迎接将在方方面面发生巨变的新生活。本书的目标是向所有对人工智能和自然语言处理感兴趣的读者打开一扇大门，帮助他们进入一个全新的世界，一个将被未来技术改变得更加神奇的新世界！

向凌云　于美国洛杉矶

目 录

第六章　把大神请回家：ChatGPT实施举要

第七章　ChatGPT应用实战指南

第八章　ChatGPT商业价值实践

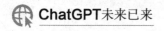

第一章
AI领域的新宠

本章将全面解析 ChatGPT，涵盖其特征、历史、工作原理、核心价值等
多个方面，以帮助大家深入了解 ChatGPT，并掌握其使用方式，从而更好
地应用这一强大的人工智能技术。

第一节　令人惊叹的语言模型

1.ChatGPT 是什么

在电影《人工智能》里，主人公大卫想要找到蓝仙女，因此去请教万事通博士。这个博士是一个什么事都知道的聊天机器人。

ChatGPT 就是今天的"万事通博士"。它是一个聊天机器人，一个"自然语言处理工具"，它很像我们在日常使用微信或 QQ 聊天时，那个在对面和我们聊天的另一个人。考虑到它是机器人，因此它更像以前一直在微信中和我们聊天的"微软小冰"。但是，ChatGPT 是人工智能发展史上第一个在许多方面超越了人类的聊天机器人。它是人类历史上第一个比制造它的人更博学、知识更多、技能更多、所会语言更多的机器人。它可以理解我们说的话，并以超越了绝大部分人类的知识和智慧回应我们的问题。简单来说，它是最新一代智能机器人，能够和我们任何人进行互动和交流。

具体来说，ChatGPT 的英文全称是 Generative Pre-trained Transformer，可直译为"生成式预训练转换器"，或意译为"生成式预训练自然语言处理神经网络模型"。它是由 OpenAI 公司开发的一款基于人工智能技术的自然语言处理工具。其中，Generative 表示 ChatGPT 具有生成语言结构的能力；Pre-trained 表示 ChatGPT 是基于预训练模型技术而开发的工具；而

Transformer 则是 ChatGPT 特别采用的一种神经网络结构。

2.ChatGPT 的特点

（1）基于预训练技术的自然语言生成能力（生成式）。通俗地说，ChatGPT 与众不同的首要特点就是，它像人类大脑左半球额叶中的布洛卡脑区一样，可以根据要表达的"意境"创作、生成人类的自然语言。即它是一种生成式的自然语言处理模型，能够像人类造句一样产生自然语言文本，即生成更加智能、自然的对话内容。由于采用的是预训练模型技术（类似婴儿在听不懂话时就被迫听大量的话语），因此，ChatGPT 在对话生成等任务中有着非常优异的表现。

（2）基于 Transformer 的架构。ChatGPT 利用了 Transformer 架构。Transformer 是一种人工神经网络（深度学习模型）的架构，用于处理序列数据（如自然语言文本）。它的核心思想，是使用自注意力机制来计算输入序列中各个元素之间的关系，以此从输入序列中自适应地抽象出语义特征，从而更加准确地理解文本、生成自然语言。

（3）大规模预训练。ChatGPT 通过大规模语料的预训练，能够学习到对话的常用场景、对话模式、情感色彩等方面的知识，从而更好地进行对话生成。

大规模预训练，很像婴儿在不会说话之前，就在环境中被动听到了大量的母语。一般人会认为，婴儿听到很多他听不懂的话是没用的。但实际上，在这个过程中，婴儿大脑内部发生了很奇妙的学习过程。

ChatGPT 之所以可以在知识上超越所有人类个体，正是因为它的"大脑"可以承受超大规模的预训练，并从中汲取海量的知识。

具体来说，进行大规模训练用的语料库，包括海量的自然语言文本，例如网页、新闻、书籍、论文、聊天记录等，使用的是无监督学习方法，训练 ChatGPT 来预测单词序列中每个单词的下一个单词，以使它学习到单词之间的关系和上下文语境。进而可以用来完成各种自然语言处理的任务，例如，文本生成、进行翻译等。

（4）多任务学习能力。ChatGPT 能够同时学习和处理多个自然语言处理任务，如文本生成、文本分类、问答等，从而实现更加全面、更加智能化的自然语言处理。

具体来说，什么是多任务学习？比如当我们和医生交流病情或症状时，可能需要同时进行两项任务：1）回答医生的提问；2）解释我们的症状。对于机器人来说，这些需求确实被视为两个任务：问答任务和回复生成任务。多任务学习让机器人能够同时训练多个任务，并在不同任务之间共享学到的知识。这意味着当一个用户给出问题时，这个机器人一方面可以使用当前的语言模型；另一方面又可以从生成回答的过程中学到新知识来充实自身，从而在以后的对话中可以利用学到的新知识，更加准确地回答未来的问题。

（5）融合语境。ChatGPT 能够基于上下文信息理解输入文本，从而更好地生成符合语境的对话内容。

具体来说，"融合语境"的能力是人类专有的，即我认识你、了解你，所以知道咱们现在正在说什么，有一种聊天中的默契。

对于机器人来说，"融合语境"通常指根据对话中的上下文和语言环境，更好地理解和回答用户的问题。这意味着 ChatGPT 会考虑到先前的对话记录、用户的回答方式和用词、用户的文化背景，以及地域和其他相关因素，以便提供更加个性化和准确的答案。

ChatGPT 需要注册的主要原因，也是为了保存与每个用户的语境，即相当于保存与每个用户的沟通记忆。这些因素可以影响 ChatGPT 的答案，使之能够更好地适应特定的用户和场景。

3.ChatGPT 的优势

（1）高效便捷。当 ChatGPT 在回答问题时，它首先会从预设的知识库或语料库中找答案。如果找到了合适的答案，就会直接回复用户；如果没有找到合适的答案，ChatGPT 会自己生成答案，然后再将其返给用户。

比如说，当用户询问"纽约帝国大厦建于哪一年"，ChatGPT 首先会从预设的知识库或语料库中查找答案，找到"纽约帝国大厦建于 1931 年"这个信息后，直接将答案回复用户，实现快速回答的效果。

又如，当用户询问"如何制作披萨"时，ChatGPT 无法从预设的知识库或语料库中找到确切的答案，就会自动生成答案："制作披萨的第一步是准备面团，将面粉、水、酵母、盐和橄榄油混合，揉成面团，然后进行发酵。"回复给用户，从而完成了回答用户问题的任务。

（2）适应性强。ChatGPT 可以通过反馈机制不断学习和适应，不断优化自己的模型，从而提升准确度和可靠性。

具体来说，当 ChatGPT 回答用户问题时，用户可以给出反馈，告诉 ChatGPT 回答是否正确，或是否满足用户的需求。ChatGPT 会记录这些反馈，并利用这些信息来改进其模型。这种反馈机制，使得 ChatGPT 可以学习人类常见的语言使用规律，从而能够更好地进行自然语言处理。

例如，当 ChatGPT 回答问题的准确度较低时，用户可以给出反馈，告诉 ChatGPT 回答不正确。ChatGPT 会根据这个反馈，重新调整模型，避免在类似的问题中犯相同的错误。这一过程能够大幅提升 ChatGPT 的准确度

和可靠性。

（3）可定制性高。定制性表示专门性。可定制性高，指的是 ChatGPT 可以通过定制，从普通聊天机器人变成领域性专家机器人。ChatGPT 的定制性非常高，可以根据不同的用户需求进行参数调整和定制，以满足不同应用场景的需要。

例如，对于一些特定的领域和语言，可以通过调整 ChatGPT 的预训练数据、模型参数等，提高其在这些领域和语言上的准确度。对于一些需要快速回答的场景，可以通过缩短模型的文本长度限制，以提高回答的速度。同时，ChatGPT 还支持在多个 GPU 上进行训练，以提高训练速度和性能。

此外，ChatGPT 还支持自定义的训练数据集，这使得它可以根据用户的数据集进行训练和定制，以适应不同的应用场景。在自定义训练数据集时，用户可以选择添加特定领域的数据，从而提高模型在该领域的准确度。

例如，西班牙语，可以使用西班牙语的数据集进行训练，包括新闻、维基百科等内容。这种方式可以提高 ChatGPT 处理西班牙语的能力，从而更好地满足西班牙语用户的需求。

再如，ChatGPT 可被用于金融领域，在金融客服中使用。在这种情况下，可以通过专业的训练数据集对 ChatGPT 进行训练，以提高其在金融领域的语境下对话的准确性和适应性。该训练数据集可以包括金融研究报告、金融新闻报道、常见金融问答话术等内容。这些数据可以帮助 ChatGPT 更好地理解金融行业的专业术语和相关问题，从而更好地回答金融领域的问题。

（4）多样性生成能力。ChatGPT 可以生成不同风格、不同领域的文本，例如，笑话、诗歌、新闻报道等。这种能力使得 ChatGPT 不仅可以回答问题，还可以进行创意性的文本生成，从而满足用户对多样性的需求。

例如，在生成对话时，ChatGPT 可以根据对话的不同主题、情感倾向等因素，生成不同的对话内容，从而使生成的内容更加丰富多样。

比如，下面这句话："我今天很开心。"ChatGPT 可以根据不同的输出指令，生成多样性文本。如果需要生成反驳的类别，则可能生成句子："但别指望太多了，明天不一定会一样开心"；如果需要生成支持的类别，则可能生成句子："真高兴听到这个好消息"。

再如，新闻报道，ChatGPT 可以生成不同类型、不同风格的新闻报道，每个新闻报道都有其独特的主题、角度和传播方式。

"体育新闻"和"社会新闻"具有不同的主题和风格。如果是体育新闻，ChatGPT 可以根据不同的体育项目、不同的比赛结果等因素，生成不同风格的体育新闻。如果是社会新闻，ChatGPT 可以生成涉及不同领域的新闻，例如，政治、经济、文化等。

在文学创作方面，ChatGPT 可以生成不同类型的文学作品，如散文、小说、诗歌等。在生成诗歌时，ChatGPT 可以根据不同的诗歌主题和格式，生成创意性的诗歌内容，从而展现其多样性生成的能力。

·········

综上所述，ChatGPT 是一款极其强大的自然语言处理和对话工具。它采用预训练模型技术，基于 Transformer 结构，成长过程中经历过大规模的预训练，拥有多任务学习和融合语境的能力，具有高效便捷、适应性强、可定制性高、多样性生成等特点和优势。这些特点和优势，使它在各种应

用场景下的表现优异，使得许多领域的创新成为可能。

当然，ChatGPT仍存在一些挑战，比如，语言理解和生成等方面都需要进一步提升。但可以预见的是，随着人工智能技术的不断发展，ChatGPT会在自然语言处理领域发挥越来越大的作用。

第二节　ChatGPT为什么火？

ChatGPT在短短几个月时间内迅速流行开来，成为广大用户在线交流的热门工具。

为什么ChatGPT这么火？它有何理由在这样短的时间内，就走出了潜龙勿用的蛰伏期，成为一种让人无法抗拒的大流行呢？为什么ChatGPT如此受欢迎呢？

其实原因很简单，ChatGPT这样火，就在于它的出现和传播过程满足了一个事物得以流行的4个要素：有用；好用、易用；易于传播和影响深远。

下面我们就谈谈ChatGPT在其大火过程中的这4方面。

1. 有用，有价值

首先，ChatGPT是非常有用的，它能够帮助用户处理各种各样的任务，例如，翻译、问题解答、编写程序代码甚至写文章或脚本等。与语言翻译软件相比，ChatGPT能够更准确地识别语境和掌握上下文信息，这就让ChatGPT在延伸和扩大语言交流方面扮演了重要角色。它满足了所有人永远使用并要求机器人也必须使用的能力要求——语言能力。

下面我们就看看 ChatGPT 是如何对不同人群、公司、组织或领域产生积极影响的。

（1）学生：ChatGPT 可以帮助学生学外语，写作业，检查作文，答疑解惑，讲历史地理，讲故事，聊天等。

（2）老师：可以借助 ChatGPT 来编写教材和检查论文。此外，ChatGPT 可以帮助老师建立更好的与学生沟通的机制。

（3）法律人士：ChatGPT 可以用于法律领域，可以使用它来整理繁琐的法律条款和案例。

（4）翻译：ChatGPT 可以帮助翻译人员更准确地转化语言，减少翻译时的遗漏和误解的问题。

（5）医生与患者：ChatGPT 可以用于医学领域，医生和患者可以使用 ChatGPT 来更好地沟通和交流，有效地解决沟通障碍。

（6）创作者：网络作家可以使用 ChatGPT 作为辅助工具，帮助创作。

（7）智能客服：ChatGPT 可以作为智能客服系统，处理用户提出的不同问题，提供快捷、准确的答案。

（8）智能搜索：ChatGPT 可以对搜索的结果进行更加精细的分类，可针对关键词特殊处理，提供更好的搜索结果。

（9）在线销售：ChatGPT 可以协助在线销售，帮助消费者寻找所需的商品和服务。

（10）在线教育：ChatGPT 可以作为在线教育的助手，帮助学生在线学习和提高学习效率。

（11）零售业：ChatGPT 可以协助零售业提升顾客服务体验，帮助顾客找到所需商品或提供消费咨询。

（12）餐饮业：ChatGPT 可以协助餐饮业提高服务质量，处理预订和点餐等任务。

除了对个人及企业的重要性外，ChatGPT 对搜索引擎公司尤其重要。由于互联网信息是海量的，传统搜索引擎难以精准识别和提供与用户意图相符的结果。因此，ChatGPT 在搜索引擎公司中变得愈加重要，因为说白了，"搜索即提问"，人们搜索信息，其实是在向搜索引擎提问题。ChatGPT 能更精确地理解你的搜索意图。如今，搜索引擎公司正快马加鞭地向搜索应用中部署自然语言模型，如 ChatGPT 之于微软、Bard 之于谷歌，以及文心一言之于百度等。

2. 好用、易用

ChatGPT 非常好用、易用。比如，在计算机、手机等设备上，ChatGPT 都非常容易使用。只需要简单地输入文本或语音，即可获得准确的响应。你不需要了解很多的技术背景，或使用复杂的指令，就能够与 ChatGPT 交互。

要与 ChatGPT 聊天时，只需访问 ChatGPT 的网站，或在电脑上安装它的应用程序，即可开始和 ChatGPT 进行对话。对话方式和我们熟悉的聊天软件如微信、QQ、Facebook、Messenger、WhatsApp、WeChat Work、Telegram、Line 等应用都是相似的。在其他聊天软件或网页上使用的聊天技巧，在 ChatGPT 的使用过程中同样适用。

与其他聊天软件的不同点在于，ChatGPT 是一款每周工作 7 天、每天工作 24 小时的在线聊天机器人。因此无论何时何地，都有 ChatGPT 为你服务。

3. 易于传播

随着互联网的普及，网络传播成为信息传播的重要手段。ChatGPT 的传播依赖于互联网和社交网络，可以非常容易地在社交网络上传播和共享，这使得 ChatGPT 的使用者数量在短时间内快速增长。

ChatGPT 在概念上的简单性，使它在熟人之间的相互推荐和传播非常容易。人们可以通过聊天软件和社交网络，向朋友和亲属介绍或推荐 ChatGPT。这是一个最有效的推广方式，因为熟人之间的相互推荐往往代表信任和好感，可以帮助 ChatGPT 更快速地扩大用户群。

数据也可以证明这一点。ChatGPT 推出 5 天，用户量就突破了 100 万；推出两个月，用户数量突破了 1 亿。这说明 ChatGPT 很容易就触发了流行的"引爆点"，既而引发了大流行。

社会学中的"引爆点"概念，是由马尔科姆·格拉德威尔在其著作《引爆点》中提出的，说的是一个事物（如 ChatGPT）如果在一定时间内快速扩散并达到某个临界点——引爆点，然后迅速蔓延并引发大规模流行的话，必定可追溯到三个要素：

（1）热情而有说服力的传播者；（2）有价值的事物；（3）大众的跟风天性。

ChatGPT 的突然大火，正是基于大量的积极传播者、ChatGPT 本身蕴含的巨大价值，以及达到了某个临界点后引发的大量跟风。

4. 影响深远

"天空不再是极限，人类正在向着信息的海洋进发。"

在过去，很多人可能认为语言模型只是一个工具而已。但如今，这种想法已经过时。ChatGPT 在许多人工智能领域都已被广泛应用，同时也在诸如娱乐、教育、健康等方面产生了深远的影响。其影响不仅止于人类的日常生活和工作，也涉及企业、组织和其他领域。

在生活方面，我们可以通过 ChatGPT 与聊天机器人交流，解决日常购物，预订航班、预订餐厅、预订酒店等需求。ChatGPT 还可以帮助医疗行业对患者的问题进行精确的解答，提高医疗水平。

在工作方面，ChatGPT 不仅可以帮助用户获得准确的文献、论文、实验结果等资料，还可以为企业、组织、学院等机构提供更高效、精准的管理系统。ChatGPT 的技术也正在被广泛应用于金融领域、物流领域和人力资源管理中，辅助大数据的分析和管理。ChatGPT 已成为各大公司、企业和机构的重要数据分析支撑工具，它可以更多地了解客户需求，提高交流效率，更好地为用户提供服务。

ChatGPT 的出现，让各行各业紧急更新了对人工智能的认知。

所谓"影响"，此时就意味着：即使你不关心和不使用它，它也会影响到你。

比如，受 ChatGPT 冲击最大的行业就可能包括在线客服、翻译、秘书、教育、软件编程、心理咨询及其他咨询业等，这些行业的从业人员可能将面临新的择业压力。此外，即使对于那些在人工智能领域已经具有相对优势的企业来说，同样也面临着新技术的威胁。

……

综上所述，ChatGPT 的大火，正在于其不仅有用、好用易用，还易于传播、影响深远——符合了流行的全部要素。

可以预期，ChatGPT 这种流行的趋势将会持续下去，打破更多的传统限制，创造更多的可能性，让人与机器的交互变得越来越自然，引领人工智能技术演进的潮流。

第三节　ChatGPT从诞生到成熟

ChatGPT 自孕育到诞生，走过了风风雨雨的 7 年时间。OpenAI 公司是孕育它的容器。当公司在 2015 年创立时，ChatGPT 连一点影子还没有。与其说 ChatGPT 是由 OpenAI 创造的，还不如说它是全球顶尖科技人才共同创造的结晶。ChatGPT 是在 Transformer 架构下产生的，而这个架构，直到 2017 年——OpenAI 公司创立两年后——才由谷歌公司的一群精英公开发表的。2018 年，马斯克先生因理念不合而离开了 OpenAI。因此，经历 7 年的坎坷，才有了今天的 ChatGPT。下面就让我们回顾一下它这 7 年来的发展史。

1.2015—2017 年，公司成立和发展

2015 年 7 月 7 日，在美国爱达荷州美丽的太阳山谷度假村（Sun Valley Resort），召开了一次开创人工智能的历史性聚会。这次聚会是夏令营式的非正式聚会，前后持续了几个星期，是 2015 年第一次 Allen & Co 夏令营。

Allen & Co. 夏令营是一项年度创业传统，通常被认为是年度的"营地"。其目标是给予科技和媒体产业的领导人们一个交流和休息的机会，同时也是谈论行业动向和公司之间潜在并购的场所。这次聚会吸引了来自全球各地的顶尖风险资本家、商界领袖、科技巨头等人士参加。聚会期

间，他们讨论了许多关于人工智能对社会的影响和意义的问题，以及各种创新、模式和趋势的可能性。可以说，这场聚会成为OpenAI公司成立的"助推器"，给了他们成立公司的信心和资金，进而推动了人工智能技术的发展。

据《华尔街日报》报道，OpenAI公司的创始人彼得·蒂尔（Peter Thiel）在这次聚会上提出了建立一家人工智能公司的倡议，以探索未来的技术和应用。

据传，OpenAI公司的成立，源于一次有趣的赌约。当时，互联网大佬埃隆·马斯克、PayPal共同创始人、Seedcamp创始人、LinkedIn联合创始人雷德·霍夫曼（Reid Hoffman）等一群IT行业的重量级人物在一起聚会，讨论人工智能技术的发展。其间，彼得·蒂尔发起了一个赌约：建议每个人都捐出一定金额，建立一家公司来推进人工智能领域的发展。如果在五年内人工智能还未能制造出"通用AI"，那么所有捐出的钱将被退还。OpenAI创始人期望该公司能成为AI领域的中心，一个集聚全球AI科学家的开放平台，支持学术研究，推进人工智能的前沿发展，并与社会共同探索人工智能技术的应用前景，从而推进技术再解决一些现实问题的应用。公司应主要致力于人工智能研究，范围涉及视觉、语音、自然语言等诸多领域。其中自然语言处理一直是优先方向之一。

这场赌约就这样开始了。但据公开资料显示，OpenAI公司直到2015年12月11日才正式成立。

OpenAI获得了超过10亿美元的资金支持，靠着这些资金，初创公司加速发展，并在研究、开发和商业应用中取得了极大的成功。

众多AI科学家和工程师进入公司，开发了许多自主技术，这让公司发展起来。

OpenAI 联合创始人之一的山姆·阿尔特曼（Sam Altman）曾经透露，在 OpenAI 公司成立之初，他和其他联合创始人常常整夜坐在桌前，一边聊天一边写代码，无所谓白天晚上。他们的工作室经常处于一片垃圾之中，而他们使用的那些算法，也经常胡乱摆放在工作台上。他们的团队是由一群有追求的科学家和工程师组成的，面临着许多挑战和困难。但他们始终坚持着自己的信仰和愿景，为推进人工智能技术的发展而努力前行。

在那个作为 ChatGPT 基础的 Transformer 架构推出前（2017 年推出），OpenAI 的研究，就已经集中在探索人工智能在自然语言处理中的应用了。当时，他们主要研究 LSTM（长短时记忆）模型。这一模型在当时被广泛使用，公司人员在这方面取得了一些成功，但也遇到了一些瓶颈。

OpenAI 的研究人员发现，LSTM 模型仅能对先前见过的文本做出预测，这限制了其能力和准确性。因此，OpenAI 开始寻找创新的自然语言处理架构。

总的来说，OpenAI 在 2015 年至 2017 年间的研究集中在探索自然语言处理模型方面，但受到 LSTM 模型的限制。直到 2017 年，这样的限制才告结束，因为大名鼎鼎的 Transformer 架构在那一年问世了。

2. 2017—2018 年，Transformer、GPT-1 和马斯克

2017 年，Transformer 模型提出，并在 OpenAI 内部广泛应用。

Transformer 模型的原始论文名为 "*Attention Is All You Need*"（中文是《注意力就是你所需的一切》）。该论文由 Google Brain（谷歌大脑）团队的 Vaswani 等人于 2017 年在计算机领域顶级期刊 Neural Information Processing Systems Conference（NIPS，神经信息处理系统会议）上发表。

NIPS 会议是计算机科学领域中的顶级会议之一，致力于推动机器学习和神经科学的交叉研究，旨在探索人工智能和智能科学的前沿领域。

NIPS 会议还有一个有趣的背景，这源于在 Transformer 发布之前，自然语言的研究者们"饱经沧桑"的经历。那时，自然语言处理研究人员、机器学习专家和神经科学家们就像 OpenAI 的研究人员们一样，饱受 LSTM 类模型之苦，因此急于寻求一种方法，推进神经科学和人工智能的交叉研究。他们希望能够将人脑处理信息的方式与计算机学习模型相结合，以创建更智能、更高效的自动化模型。

于是，他们成立了一个专门的机构，并决定每年举行一次会议，交流这方面的最新研究。该会议命名为"神经信息处理系统会议"，这就是著名的 NIPS。这个机构的目标，不只是探索人工智能和神经科学的交叉研究，同时也为世界各地的科学家、研究者、实践者和学生提供了一个平台，使他们能够相互交流，分享他们最先进的研究和学习新的想法。

随着时间的推移，这个会议越来越成功。它吸引了大量的专业人士参加，并成为处理信息的新方法和最先进技术的重要来源，研究人员和公司经常在会议上发布他们的研究成果。

2017 年，谷歌大脑团队在该会议上发布了关于 Transformer 模型的著名论文——《注意力就是你所需的一切》。该论文发布后，2018 年正式出版。作者在文中引入了 Transformer 模型的概念，重新定义了自然语言处理中的架构，并公布了该架构在机器翻译和其他自然语言处理任务中取得的优秀成果。Transformer 模型随后被广泛应用在自然语言处理领域，并成为当前自然语言处理领域中最常用的模型之一。

Transformer 是一种基于自注意机制的架构，它在处理序列数据任务中表现良好，特别是在自然语言处理中表现突出。因此在自然语言处理中，Transformer 已经替代了 RNN 和 LSTM 模型，成为当前主流的模型。

很快，OpenAI 内部开始广泛使用 Transformer 架构，以在各种任务中自动化自然语言处理。

ChatGPT 的胚胎在这时也才真正诞生，并在次年发育成了 GPT-1 模型——ChatGPT 的前身。

因此可以说，Transformer 在 OpenAI 中的应用，为后来 ChatGPT 的出现奠定了基础。

2017 年，OpenAI 公司发生了一件有趣的事。这一年，OpenAI 的一支团队开发了人工智能游戏外挂，并成功打败了一支人类顶尖水平的《刀塔 2》战队。在这场 AI 对战人类的比赛中，OpenAI 的机器人展现出了超强的反应能力、积累知识的速度和适应性，最终大获全胜。

3. 2018，GPT-1

由于此前的深厚积累，不到半年的时间，2018 年 2 月，OpenAI 推出了第一代 GPT 模型，GPT-1 问世，成为 OpenAI 首个采用 Transformer 的自然语言处理模型。

GPT-1 是一种针对自然语言处理任务进行预测的模型，使用的是一个多层的 transformer 编码器来编码输入文本。

OpenAI 的 GPT-1 在自然语言生成任务中，比先前基于规则的方法表现更好，较之于前的 RNN 和 LSTM 模型，GPT-1 具有更强的上下文理解能力，能够更好地处理长文本。例如，当它被用于在互联网上生成文本时，它能够生成逼真、可读性强的句子，有时甚至能够模仿人类写作的风格。这表明 Transformer 在文本生成领域的潜力巨大。

GPT-1 中使用的多层 transformer 编码器在其后的 GPT 版本中得到了进一步的改进和优化，成为聊天机器人 ChatGPT 版本的核心。

聊天机器人 ChatGPT 的后续版本都是在 GPT-1 的基础上进行扩展和改进的，这一系列工作使聊天机器人的自然度和交互质量得到了极大的提高，成为应用性最强的聊天机器人之一。

4. 2018 年，马斯克离开 OpenAI

在这一年，马斯克离开了 OpenAI，这在当时成了大众瞩目的焦点。

根据媒体报道，马斯克在加入 OpenAI 之后亲自参与了公司的一些重要项目，包括语言理解的研究和底层系统架构的设计。

2018 年，马斯克在接受《纽约时报》采访时表示，他已经从 OpenAI 退出，并直言自己相信该公司在其创立初期承诺去做的事情和其当前工作重心已经发生了改变，认为公司的重点研究方向不太符合自己的价值观。

这一消息震惊了许多人。毕竟马斯克是 OpenAI 的创始成员之一，他的离开在业界引起了不小的轰动。因为在很长一段时间里，OpenAI 被认为跨越了人工智能技术与商业应用的规模，而马斯克对于人工智能的探索和热情，都是不容忽视的推动因素。

传闻说，马斯克离开的真正原因，是因为 OpenAI 不愿随着车祸的影响发出证明人工智能安全性的论断，这引发了一些争议。他在 Twitter 上表示，他的决定并不是因为公司和他在人工智能方面的观点发生了分歧，而是因为他想集中精力完成 SpaceX、Tesla、OpenAI 和新成立的公司 Neuralink 的使命。

另有传闻说，马斯克不喜欢 OpenAI 团队对 GPT-1 的训练方式，认为人工智能应该尊重事实讲真话，而不应该被训练成政治正确的外交官式的人格。

不久之后，OpenAI 的联合创始人山姆·阿尔特曼发布了一份声明，表示他非常感谢马斯克为 OpenAI 的贡献，并正式宣布 OpenAI 与马斯克分道扬镳。

虽然马斯克不再是 OpenAI 的一员，但他对于人工智能的探索一直不曾停止，并在其他公司和项目中不断将其应用于实践中，为推动人工智能的应用和技术发展做出了不可磨灭的贡献。

5. 2019，GPT-2 推出，微软入局 OpenAI

随着 OpenAI 对 GPT 项目的强力推进，2019 年 2 月，即在 GPT-1 推出整一年之后，OpenAI 推出强化学习算法 GPT-2。该算法向人工智能创造性生成文本方向又推进了一大步。

GPT-2 算法中的语言模型能够自动补全长篇文章，生成有趣的文章以及文章概要。模型的深度和规模得到了大幅提升，使得模型的能力进一步提升，可以生成自然语言文本的连续段落。还可以生成高质量、连贯、富有逻辑性的文本，甚至可以写出通顺自然的新闻报道、科学论文和小说等。它具有较强的迁移学习能力，可以通过少量的样本进行学习，并在多个自然语言处理任务中表现出色。它还提供了不同精度的预测结果，可用于不同领域和应用场景的文本生成任务。

相比于 GPT-1，GPT-2 的改进主要体现在模型参数规模更大、训练数据更多，可以生成更具合理性和连贯性的语言；引入无监督学习策略，可以更好地控制语音的生成；提供了更好的迁移学习能力，可以在不同应用场景中进行微调，在多个自然语言处理任务中表现出色。

在现实生活中，GPT-2 的强劲表现，发生了不少趣闻和传闻。由于

GPT-2 能够生成令人惊讶的文本，有人甚至担心它可能被用于制造假新闻和其他形式的网络欺诈。这也是 GPT-2 在 2019 年引起广泛关注的一个原因。

据传，有人使用 GPT-2 在 Reddit 上发帖子，并试图欺骗其他用户，结果被其他 Reddit 用户识破。有人还尝试将 GPT-2 用于写作，创作了一份谎称是真人写的游记，表面上非常真实，但实际上是由 GPT-2 生成的。这让人们对于 GPT-2 语言模型的潜力和用途有了更多的想象空间。

当 GPT-2 模型首次亮相时，OpenAI 担心其能力过于强大，有可能被滥用，因此在 2019 年选择不将其完全公开发布。这个决定在学术和技术社区引起了广泛讨论。在接下来的几个月里，一些研究人员开始尝试破解 GPT-2，以测试其能力和建议更好的安全措施。结果，他们发现由 GPT-2 生成的文章非常准确、流畅，远远超越了其他文本生成方法，但这也引起人们对它可能被用于虚假信息传播的担忧。

也正是在这一年，微软公司投资并加入 OpenAI 公司，与 OpenAI 共同开发新型人工智能技术。

事情始于微软的高管与 OpenAI 的几位创始人在一次会议上相遇，并分享了彼此对于人工智能技术的热情和追求。微软看中了 OpenAI 在人工智能领域的高超技术和潜力，希望共同研究更加强大的人工智能技术。由于理念相合，双方一拍即合。

于是在 2019 年 7 月，OpenAI 和微软宣布了一项复杂的协议，微软将投资 10 亿美元，成为 OpenAI 唯一的云计算提供商和独家代理商。这个关系是由 OpenAI 创始人山姆·阿尔特曼和微软联合创始人比尔·盖茨和 CEO 萨提亚·纳德拉共同推动的。微软投资 OpenAI 的原因是 OpenAI 公司在人工智能领域拥有高超的技术和潜力，可以为微软的人工智能研究和发展提供强大支持。另一方面，OpenAI 也需要资金赞助，以支持人才的聘用及研究和开发等，微软的投资可以帮助 OpenAI 公司在人工智能领域更好地发展。此外，微软和 OpenAI 面临来自亚马逊、IBM 和谷歌等公司的激烈竞争，也需要加强合作，来提高市场竞争力。因此，这项交易是一项双赢的合作，双方都能获得利益和优势互补。

从此，微软与 OpenAI 开展了一系列深入的合作，共享技术、资源和信息，致力于开发更加强大的人工智能技术。

有了微软的资金支持和技术实力，OpenAI 在技术研发上更加深入和全面，推动了人工智能技术的快速发展。时至今日，这两家公司仍然一直保持着紧密的合作关系。

6. 2020 年，GPT-3 推出

微软的资金加速了 ChatGPT 的研发。

2020 年 5 月 28 日，OpenAI 推出了第三代语言预测模型——GPT-3，并对其实施了一定的开源。

这是 2023 年之前最先进、最大的自然语言处理模型，能够执行广泛的语言任务，如摘要生成、问答、文章翻译等。从此，聊天机器人家族迎来了一位重量级新成员。

相对于此前的 GPT-2，GPT-3 的优势主要体现在模型参数规模更大，达到了 1750 亿个参数，是 GPT-2 的 13 倍；能够准确地预测单词、句子、段落和文档等多个级别的文本，从而在文本生成和理解方面表现更好；具有强大的迁移学习能力，可以在各种自然语言处理任务上表现出色，同时减少了对人工数据标注的需求；提供了多个精度级别供选择，可以更好地

满足不同应用场景的需求。

GPT-3 的推出，被认为是下一代人工智能技术和人类语言理解能力的重大进步和突破，引起了业界和媒体的广泛关注。GPT-3 的应用场景包括语音转写、搜索引擎、语音助手、自动文摘、自动翻译、自动摘要等，可谓一种革命性的技术。

GPT-3 是一种先进的自然语言处理模型，它是 2022 年推出的 ChatGPT 的框架基础。ChatGPT 是如今聊天机器人虚拟助手的名字，它是基于 GPT-3 的技术构建的。因此，ChatGPT 是 GPT-3 的应用之一，是 GPT-3 的一种实现方式。ChatGPT 基于 GPT-3 的技术，并结合了对话系统的设计原则和实践经验，可以方便地与用户进行自然语言交互，提供帮助和答案。

在 GPT-3 推出后，同样发生了许多有趣的事情。有人使用 GPT-3 生成了一个名为 "Lil Miquela" 的虚拟人物，并创立了一个虚拟人设号，从事多个领域和任务的工作，如品牌代言人、音乐人、模特等。有人使用 GPT-3 创作了一篇假新闻，声称特朗普在竞选时存在隐瞒病情的风险。这引发了公众对 GPT-3 语言模型在制造假新闻和虚假信息方面的担忧。

7. 2022，ChatGPT 问世

世事沧桑。OpenAI 公司在推出 ChatGPT 之前进行了大量的准备工作，包括设计和开发算法、测试和优化性能、制订商业计划和营销策略等。

终于，时间来到 2022 年 11 月 30 日，ChatGPT 大神出世了。

第四节　神经网络和机器学习的秘密

亲爱的读者，ChatGPT 的工作原理是一个非常深奥的话题，因此，本节准备用浅显的故事来讲解它的原理。

小明是一个小学生，最近迷上了 ChatGPT，每天放学回家后，都会用大量的时间和 ChatGPT 聊天、问问题。渐渐地，他对 ChatGPT 越来越着迷，因此趁着这天老爸在家的时候赶快提问。小明的老爸大明，是个软件工程师，因此也很愿意回答小明的问题。

小明：老爸老爸，快给我讲讲 ChatGPT 的工作原理。

大明：好的，让我来给你讲一个故事吧。

在一个神奇的国度里，有一位聪明的机器人工程师，他梦想着创造一种能够像人类一样聊天的机器人。这个机器人要比工程师还聪明，比工程师的知识还丰富，比工程师会的外语还要多，比工程师的学习速度还要快，并且，这个机器人必须最终可以淘汰、解放工程师自己。经过很长时间的努力，工程师终于达成了他的一部分目标。这个机器人，就是你正在用的 ChatGPT。

那么，ChatGPT 是如何实现与人类聊天的呢？

一开始，工程师叔叔也不知道怎么办。结果他神神叨叨地整天问自己一些问题。比如，他总是小声地问自己：

"怎么让机器人比每个人懂的东西都多，以便我和所有人都可以随时请教它一些不懂的问题呢？"

"怎么让机器人比我会的外语还多，以便使用任何语言的人，都可以随时得到它在这方面的帮助呢？"

工程师想着这些问题，就得出了一个最初的结论：

"嗯，这个机器人必须能够自己学习知识，要不然它的知识不可能比每个人的知识都多，它会的外语也不可能比每个人的多。因此啊，这个机器人必须拥有智慧这个东西。"

想到这里，工程师又开始发愁了，他想："在人的大脑里，智慧这种东西是怎样产生的呢？我不知道智慧的机理是什么，但是，我要造出智慧和语言能力比我还强、知识比我还多的机器人。在这个前提下，我应该怎么办呢？"他想来想去也想不明白。

这一天，聪明的工程师突然灵机一动，他对自己喊道：

"哎呀！我真笨啊！虽然我不知道人类大脑里的智慧是怎么产生的，但是我有智慧的脑袋瓜，不是也不知道它的智慧是怎么产生的吗？但是，这并不妨碍我这脑袋瓜有智慧啊！那么，我这脑袋瓜是怎么有智慧的呢？仔细一看，它不就是由成千上万亿个神经元相互连接而成的嘛！再仔细一看，这成千上万亿个神经元，它们中的每一个，不也不知道自己的智慧是怎么产生的吗？哈哈，那么，智慧一定是那样一种东西，那就是，把成千上万亿个神经元互联在一起，然后给它们输入信息。这以后，经过一段时间，那个叫'智慧'的东西不就产生了吗？那么我就可以这样理解'智慧'这个东西了，'虽然我们不知道智慧是如何产生的，但只要把一大堆自带算法和记忆力的神经元放在一起，让它们相互联系的话，智慧就会产生。接下来，我们只要把精力放在优化这些神经元上面，就可以优化智慧了。'哈哈哈，如果是这样的话，问题不就简单了吗？我只要用编程代码造出一个模仿人类神经元那样的类，再给我的电脑配上足够多的内存，那么，从这个类里，不就能产生成百上千亿个神经元的实例吗？然后呢，我让这些神经元相互连接，组成一种叫作神经网络的东西来模仿人的大脑，然后再给这个'大脑'足够的信息。那样的话，智慧会不会就产生了？再说，虽然人类神经元的内部环境比人类的一座城市还要复杂，但是，我可以制造一个只相当于大型企业那样相对简单得多的类啊！这个类，它只要能接收和处理语言信息不就行了吗？这样的话，那个叫'智慧'的东西，它所有的复杂性，不就简化到制作神经元这个东西上来了？嘿嘿！然后呢，我再给这个由大量神经元的实例构成的机器大脑取一个名字，就叫它'模型'或'架构'。那样的话，大家不就不会把这个东西和人的大脑弄混了！"

说干就干。从这天开始，工程师叔叔就一个一个地制造神经元类。

嗯？你想知道什么叫类？这是面向对象编程里的一个东西，相当于一张神经元的原始图纸。照着这张图纸，计算机会一口气造出成百上千亿个神经元，只要咱们电脑的内存足够、算力足够就行啊。

你看咱们这台电脑，它的显卡才 1000 多块钱。但是，有一个叫英伟达的公司，生产了一种售价 10 万块钱的显卡 A100。后又生产出一种售价 30 万块钱的显卡。这种高级显卡，它的显示内存就达到 80G！工程师叔叔就想啊，"我弄个 3 万块这样的显卡，这个大脑不就足够给世界上几亿用户提供服务了嘛！"——据说，这其实就是 OpenAI 公司在发布 ChatGPT

的时候，服务器农场里的配置。

所以简单来说，工程师经过好多年的努力，终于造出现在这样的ChatGPT了。

好了，下面我给你讲讲ChatGPT的原理。简单概括地说，其实ChatGPT有三个强大的"武器"：一是造句武器——生成式模型；二是天量学习武器——预训练；三是人造脑武器——Transformer。

首先，ChatGPT拥有造句的能力，这是它生成式模型（Generative Model）的能力，就像咱俩都有造句的能力一样。

对于一个机器人来说，这意味着，ChatGPT不仅可以理解人类语言，而且还能够像人一样生成语言，很轻松地造句。

这一切是怎么发生的？工程师只知道是在神经网络内部发生的，但细节他也说不清——怎么说得清呢？那是万千亿个神经元群体互动的结果啊！也就是那种说不清的"智慧"的结果。但是咱们可以说，这种生成能力，其实是由每个神经元里的生成能力合成的。每个神经元就像一个小人，它有自己的记忆，有自己的关系网络。它的知识越多，生成的句子就越好。所以，当聪明的人类向ChatGPT提问时，ChatGPT能够分析问题，并生成最适当的答案，而不仅仅回答一个预先设定的标准答案。这就像你在班上回答问题时，是想了之后再答，而不用偷偷去看小纸条。

其次，ChatGPT使用预训练（Pre-Train）技术，而不是像通常的仿人工智能那样，使用预编程技术。

什么是预编程？打个比方，你手机里所有的APP，都是预编程的。如这个"文字转语音"功能，就是预编程的。比如"没有"的"没"这个字，是一个多音字，它有时候念成"沉没"的"没（mò）"这个音，有时候念成"没有"的"没（méi）"这个音。预编程的工程师就给"没"这个字预编程，规定"当遇到'沉没''没落''埋没'时，让手机读'mò'这个音，其他时候，读'méi'这个音"。但是，预编程工程师却无法解决让程序理解情境的问题。比如，有一部小说里主人公的名字叫陆沉，小说里有一句话："陆沉没来！"这句话咱们都知道里面的"没"这个字应该读成"méi"，但手机读成了"mò"，因为这个"没"字的前面是"沉"这个字，因此手机是按照"沉没"的读音读的。这就是预编程的缺点，它假设电脑或手机没有智商，所以凡事都用预编程硬性规定。而 ChatGPT 的设计思想可不一样，它是预训练的，也就相当于让 ChatGPT 通过大量学习来决定怎么说话，而不是像预编程那样预先告诉 ChatGPT："对方如果这样说，你就这样说；对方如果那样说，你就那样说……"其实很容易看得出来，通过预编程制造的机器人，其知识和智慧不可能超过制造它的人。因此预训练才是正确的办法，因为工程师希望 ChatGPT 比他自己还聪明，比他的知识还丰富，比人类中任何一个人的知识更丰富，希望 ChatGPT 能够回答工程师提出而自己不知道答案的问题，还能够回答每个人向它提出的问题。因此工程师没法对 ChatGPT 进行预编程，只能靠机器人自己学习。所以，ChatGPT 是通过预训练学会说话的，这其实就像人类学会说话的过程一样，在婴儿期还不会说话的时候，就沉浸在母语的大量对话情境之中。然后在生活中、在小学、中学和大学里进行学习和训练。不过，更确切地说，对于 ChatGPT 的预训练，更像是一种类似"洗脑"过程，因为输入机器人大脑的东西，都是预先筛选"清洗"过的文字。

在 ChatGPT 的"大脑"还是一片空白的时候，工程师就灌输了大量的数据和歌德模型（这是模拟自然语言联想功能的神经网络模型），让它的"大脑"沉浸在大量的语料库中。这样，ChatGPT 就能够在不进行监督学习的情况下，学会自然语言处理。这就像在小学和中学里背诵大量的课文，而老师并不监督你是不是真的理解了课文的意思一样。老师根本不知道每个学生在背诵课文时，他们大脑内部究竟发生了什么变化。但他知道，一定有些人背得好，有些人一般般。

总之，这个预训练的步骤，使得 ChatGPT 能够快速处理人类语言，从而更快地为聪明的人类提供最佳答案。这也就像现在的你一样，说起话来，也像那么回事了。

最后，ChatGPT 使用一种名为 Transformer 的技术框架。这是什么东西？其实就是工程师用神经元互联出来的大脑，可以叫它"人造脑"。确切地说，它就像你这里的一个脑区（用手点了点小明左耳上方的脑袋），心理学家叫它布洛卡脑区，它是负责人类听说读写的脑区。你祖爷爷去世前得了脑血栓，不会说话了。那是他左脑的布洛卡脑区血栓了，他的 Transformer 坏了，不能工作了。

好了，Transformer 是一种负责自然语言处理的神经网络模型，将整个句子——专业术语叫整个序列——作为整体进行处理，并能够同时理解上下文和语法结构。

嗯？什么是上下文？

上下文就是一个人说话、表达或行动时所参考的背景资料。

比如，咱们俩现在的上下文，就是正在聊 ChatGPT。

对我来说，还有一个上下文，就是你是一个小学生，所以我在讲故事的时候，要照顾你的理解力。

又比如，当 ChatGPT 应用在银行业务中时，那么它说话的上下文，就是限制在银行业务之内的。

又比如，医生给你诊断时的上下文，就是你的病情、病史和你当时的身体情况。

当你第一次和 ChatGPT 聊天时，它的上下文仅仅是你刚刚所提的问题；如果你已经注册了 ChatGPT 账号，并且和它聊了三个月了，那么，你们之间的上下文，就是你们过去和刚才所有的聊天记录。

往大里说，上下文就是你对自身环境的认识。

比如，你夜里做梦时，意识里失去了上下文，你就不知道你是在做梦（你正在做梦，这就是真正的上下文）。你以为在大山里，或在天上飞，或在地上跑，在到处找厕所……你就是不知道是在睡觉做梦。这时你没有对自身所处环境的认识，脑子里没有自己的上下文。一觉醒来，突然之间，你啥都知道了，知道了自己是谁，在哪里，知道自己憋了一泡尿，所以才在梦里到处找厕所。这是因为，你一醒来，你潜意识脑区第一个工作，就是恢复你意识的上下文，把很多信息送到你的大脑里，也就是送到你的意识里。

中国古人常说："识时务者为俊杰。"识时务，就是认清社会和时代的上下文。

好了，ChatGPT 使用能处理上下文的 Transformer 技术来学习和理解人类语言，包括学习单词、语法和句子结构等。

因此，在人类向 ChatGPT 提问时，ChatGPT 可以使用它之前学习到的语言知识来分析问题，并生成答案。这种功能使得 ChatGPT 能够在回答问题时，不断完善自己处理语言的能力。这也像你，越长大，说起话来就越利落了。

所以你看，ChatGPT 这个机器人，它之所以能够与人类聊天，主要是依靠三个强大的武器：生成式模型、预训练技术和 Transformer 技术。这三大武器各自的首字母就分别是 G、P、T。ChatGPT 中的"Chat"这个词，你也知道，就是聊天的意思。所以，按照刚才咱们讲的故事，ChatGPT 这个字就可以这样翻译了："其人造脑有造句能力、经过洗脑训练的聊天机器人"——这样是不是好理解了？所以啊，这三样武器，使 ChatGPT 能够轻松地理解人类语言，并以最佳方式回答人类提出的问题。

所以，ChatGPT 已经开始拥有了那种叫作"智慧"的东西啦！

第五节　ChatGPT的核心价值

刷——ChatGPT 出现在你的屏幕上了。这是一个聪明的机器人，它可以回答你提的所有问题，不论这些问题有多么复杂，只需要输入你想了解的信息，ChatGPT 就会在互联网上为你查找相关的答案。

这就是 ChatGPT 的核心价值——便捷、可靠、高效地为你赋能。ChatGPT 可以增加你的知识和能力，为你提供智能、便捷、可靠、高效的智能交互服务，从而改善你的工作和生活质量。

1.便捷性

ChatGPT 的智能回答功能非常便捷，这使得它为你提供的服务价值更高，会牢牢地抓住你的注意力。

比如你是一位小学生，正在写一篇生物学作业。这时，你遇到一个根本不认识的单词，那么，只要向 ChatGPT 输入这个单词并点击回车，ChatGPT 就会自动为你找出该单词的定义，与其他有关生物科学的内容一同呈现在屏幕上，让你秒懂这个词。

又比如，你是一个大学生，ChatGPT 可以极大地简化你写作论文的过程。你只需告诉 ChatGPT 论文的主题和一些关键字，ChatGPT 就会给出与这个主题相关的大量内容。你可以在这些内容的基础上，更快、更准确地完成论文。

又比如，你是《哈利·波特》的书友，那么你可以通过与 ChatGPT 的交流，获得许多有关魔法和巫师的知识。

2. 可靠性

ChatGPT 是目前已上市的聊天机器人中最可靠的，这首先就表现为它在很大程度上避免了网络暴力和不当信息；其次是其提供资料的可靠；第三表现在对隐私和机密信息的保护上。

ChatGPT 在深度学习阶段，就是反网络暴力和不当信息的。因此，如果你提问涉及政治、军事、是非、商业冲突、犯罪、机密、涉黑、涉恐、无礼等敏感问题时，它会礼貌地避免直接回复。比如，当话题涉及政治、军事时，最典型的回答可能是这样的：

□ "你好！作为一名人工智能助手，我不会对任何政治或军事冲突表达任何偏见或观点。我的职责是尊重所有的政治和文化立场，为你提供中立和客观的信息。如果你有其他的问题，我将竭尽全力回答。"

以上这样的回答看似有些圆滑，但让 ChatGPT 经历这样的深度学习，

31

其实还是照顾到了绝大多数用户的感受和利益的。

原因在于，任何聊天机器人，无论你是否对它进行训练，它无论如何都会表现出某种人格特征。例如，我们以前总认为，机器人说话是冷冰冰、无情绪、客观而不懂人情的。这其实也是一种人格特征，即我们认为机器人应有的人格特征。

也就是说，如果不自觉地为机器人选择人格特征的话，那就等于被动地选择了冰冷无情的"经典型机器人"的人格特征。

那么如今，ChatGPT作为刚上市不久的聊天机器人，时而幼稚如小学生，时而圆滑如外交官，总是坚持政治正确、礼貌待人的人格，不说脏话不骂人，不站队，不预设立场，不得罪人，不造谣、不传谣，不在背后对人进行负面议论（哪怕是"客观"的），迎合了绝大多数用户的世界观和安全感的需求，虽然同时也牺牲掉少部分特殊领域或人群所要求的对话趣味。如今有那么多人喜欢ChatGPT，很大程度上也说明了它在人格特征上是被广泛认可的。

虽然ChatGPT有时会说错话，但总体来说，它在大多数提供知识性信息的场景下，还是相当靠谱的。尤其当你提问有案可查的问题——比如书籍和网页相关的问题——时，它会给出相当可靠的回答。

例如，当你问ChatGPT：

☐ "德鲁克似乎说过这样的话（我记不清了）：公司的目标是为客户提供价值，是吗？"

它马上会回答：

☐"是的，这句话确切的说法是：'公司的目标不是获利，而是为顾客创造价值，唯有如此，公司方能获得其应有的回报。'这句话是由著名管理学家彼得·德鲁克于 1954 年在其所著的《效率的实质》中提出的。"

多么可靠的回复！

最重要的一点，ChatGPT 对数据和隐私的保护方面做得很棒。

每当你输入关键字或让机器人处理相关信息时，ChatGPT 系统就会保证该数据的机密性，并使用菜单处理数据（如建立加密隧道）。ChatGPT 在处理该数据的过程中，会保护商业或其他组织的数据机密性，并在保持数据机密性的同时，确保服务的可靠性与健康性。

3. 高效性

ChatGPT 可以帮助你更快地找到答案，也可以协助你更快地获取相应的解决方案。

比如，你正在计算一个数学问题，但是某些信息无法得到确认。此时向 ChatGPT 输入该问题后，它就会帮助你广泛收集该问题的解决方案，其中包括涉及该问题的历史背景和相关规则，最后帮助你计算和验证答案。

ChatGPT 拥有强大而智能的算法，以及强大的信息处理能力，可以帮助你快速找到答案和解决方案，并保证数据的隐私和安全。它所提供的价值是跨领域、跨行业并可覆盖生活各个方面的。

第六节　ChatGPT的使用方式

谈到 ChatGPT 的使用方式，我们还是直接看一下使用 ChatGPT 时的场景，在现场的对话中让它告诉我们吧。

下面我将就"ChatGPT 使用方式"这个问题，直接与 ChatGPT 进行问答。读者既能看到我们之间的问答，也能体会到 ChatGPT 的现场风格。

□ 你好。我要向一个朋友介绍如何使用 ChatGPT，你能用简明易懂的方式说一下吗？

◎ 当然可以！使用 ChatGPT 非常简单，以下是一些步骤：

（1）打开我们的网站：要使用 ChatGPT，你需要首先打开我们的网站 (https://chat.OpenAI.com/chat)，可以在浏览器中打开，也可以使用手机 App 进行访问。

（2）登录：在打开网站后，可以选择登录，以便 ChatGPT 了解你的习惯和想法，从而更好地为你服务。如果你不想登录，也可以继续使用，但在某些情况下可能需要进行确认。

（3）输入问题：在 ChatGPT 页面上，你可以输入问题，ChatGPT 会根据你的问题进行搜索，给你一个准确的回答。

聊天机器人交互：ChatGPT 不仅可以回答问题，还可以进行聊天，回答你的各种问题，让你感觉像在和一个真人交谈一样。

（1）完成任务：如果你需要完成某项任务，ChatGPT 也可以帮助你完成任务，如订票、预订酒店等。

（2）同步多平台：ChatGPT 可在多种平台使用，如 WeChat、Telegram、Whatsapp 等，你可以在各大应用商店中下载 ChatGPT 应用。

希望以上信息能够帮到你，有任何其他问题请随时问我。

☐ 请再告诉我怎样在微软的新必应上使用 ChatGPT，好吗？

◎ 好的。我可以协助你使用微软新版必应与 ChatGPT。

首先，在必应首页上找到聊天图标，它位于页面右下角。点击它以开启聊天功能。

接下来，你可以开始与 ChatGPT 进行对话。输入你要询问的问题或主题。ChatGPT 将会尽力回答你的问题。

你甚至可以使用语音输入或使用微软小冰（Microsoft XiaoIce）的图片表情和小表情。

最后，如果想结束对话，请点击右下角的关闭按钮。

希望这可以帮助你使用微软新版必应并与 ChatGPT 进行对话！

第二章
开启ChatGPT基础应用

本章探讨 ChatGPT 的基础应用，展示其在解释复杂概念、写作、游戏策划、心理咨询、翻译和编写代码等多个领域中的应用价值。同时，我们还将介绍 ChatGPT 在企业中快速开发 AI 产品、满足企业用户的多种应用场景等方面的用途。

第一节　让复杂概念不再神秘

ChatGPT 可以解释非常复杂的概念，这可以通过在向它提出这些概念，并让它解释的过程中看到。

不但如此，ChatGPT 还可以根据读者的要求来解释概念。

例如，如果让它把一个复杂的概念解释给一个小学生听的话，那么，它就会以讲故事的方式来进行解释。

下面，我们就选择两类复杂的概念来让 ChatGPT 解释。第一类，就是 ChatGPT 本身技术内涵的概念；第二类，就是著名的"相对论"的概念。相信读者都会认同，这两类概念是相当复杂的。

在下面直接与 ChatGPT 对话的场景中，当请 ChatGPT 解释相对论的概念时，我们会请它分别面向成年人和面向小学生两类对象进行解释。

请注意下面的对话过程。当你遇到任何不懂的问题时，请立即向 ChatGPT 进行追问，追问，追问……

下面，我们就开始向 ChatGPT 提问。

☐ 你好。听说 ChatGPT 可以解释复杂的概念，请给我演示一下好吗？

◎ 当然，我很乐意为你演示 ChatGPT 解释复杂概念的能力。请告诉我你想要了解的概念是什么？

□ 请解释一下 ChatGPT 的模型。

◎ 好的，我来介绍一下 ChatGPT 的模型。

ChatGPT 的模型是基于 GPT（Generative Pre-trained Transformer）模型的。这是一个采用自然语言处理技术进行训练的预测模型，旨在学习输入文本的上下文信息并生成输出序列。

ChatGPT 是由 OpenAI 团队于 2018 年开发的，读取了大量的自然语言文本，并使用这些文本预训练了模型。这些文本包括网页、维基百科、新闻文章、小说等。在这个过程中，ChatGPT 学习了许多语言上下文，并可以用这些知识产生新的文本，回答用户的问题。

与其他机器人程序不同，ChatGPT 不是事先编码一组规则、流程和响应来预测问答，而是学习人类对语言和语境的理解，并根据这种理解来回答问题的，从而使在回答复杂问题时具有更好的灵活性和智能性。

ChatGPT 模型得以不断完善以及训练多个版本，从 GPT-1 到 GPT-2，再到 GPT-3，每一个版本的 GPT 模型，都在语言生成方面做出了重大的贡献。

总之，ChatGPT 的模型基于 GPT，通过预测模型训练来学习自然语言，从而更好地回答用户的问题和语言交互。

□ 请问，这里所说的模型，具体是什么意思？是软件的意思吗？还是硬件和软件的结合体？

◎ 在人工智能领域，模型是指一组算法和参数的组合，这个组合可以用来处理输入数据并生成输出。

在 ChatGPT 中，模型可以理解为一种软件的形式。它使用了深度学习技术，通过大量的数据训练产生了一个预测模型，可以用来回答用户的问题和进行对话。

需要说明的是，这个模型不是硬件和软件的结合体，而是一种完全基于计算机程序的软件实现。这个程序在运行时需要运行在特定的硬件设备上，如 CPU、GPU 或 TPU 等，但模型本身并不包含任何硬件元素。

希望这个回答能够帮助你更好地理解模型的概念。

□ 谢谢。那么可以不可以这样理解：模型其实就是一个 APP，就像手机上的 APP 一样？

◎ 可以说模型就是一个软件，类似于手机上的应用程序。但是，模型和手机应用程序之间还是有一些区别的。

首先，模型是使用编程语言编写的程序，需要在特定的计算环境中运行才能实现任务目标。而手机应用程序则是为了在手机上运行而编写的程序，通常使用 Java、Kotlin、Swift 等语言编写。

其次，模型是一种预测模型，只在已经训练过的数据上进行预测。而手机应用程序通常是交互式的，可以接收用户输入并根据用户的操作进行相应的处理。

总之，模型和手机应用程序之间还是有许多区别的，但从某种意义上来说，可以将模型看作一种预测程序，它的输出结果是在已有的数据基础上进行生成的，类似于手机应用程序中的某些功能。

□ 那么，可以把模型理解为运行在服务器上的服务程序吗？

◎ 是的，你可以将模型理解为运行在服务器上的服务程序。一个训练有良好效果的模型可以在服务器上部署，然后提供对外服务，接收用户的请求并进行处理，最终返回结果。

具体来说，在聊天机器人领域，ChatGPT 是一个基于大型语料库预训练的自然语言生成模型，可以理解为应用程序中的一个服务程序。它可以接收用户的输入，分析用语的上下文、意图和语音习惯，然后给出最终的输出结果。它需要以请求 / 响应方式与外部交互，以实现为用户提供服务的功能。

需要说明的是，为了让模型能更好地为用户提供服务，ChatGPT 需要在云端服务器上运行，因为模型需要高性能的计算资源和大量的存储空间。因此，ChatGPT 的模型是部署在云上的服务程序，以提供高效的聊天和问答功能，为用户提供便利的服务。

□ 非常感谢。下面，能给我解释一下相对论的概念吗？

◎ 相对论是一种物理学理论，用于描述运动物体的行为和物体在不同参考系中的相对运动。它被广泛认为是现代物理学的基础之一。

相对论有两个主要分支：狭义相对论和广义相对论。狭义相对论主要关注在惯性参考系中的物理现象，而广义相对论则将引力纳入其中。

狭义相对论的基本假设是，所有物理定律，在任何惯性参考系中，都应该具有相同的形式和结果。这意味着，两个以不同速度相对运动的观察者会看到相同的物理现象。

相对论引入了许多新概念，如时间膨胀、长度收缩、相对性、质能关系等。

广义相对论将引力看作时空弯曲的结果，因为物体会跟随时空的曲率而运动。这种理论被证明可以很好地解释一些过去无法解释的现象，如黑洞和宇宙学原理。

相对论不仅在物理学中有广泛的应用，也应用于其他领域如天文学、化学、生物学、计算机科学等中。

☐ 谢谢。如果我想以故事的方式获得答案，以便使小学生能听懂，能帮我重新解答一下吗？

◎ 当然，我可以为你提供一些类比的故事来解释相对论的基本概念。

想象一下，有两个小朋友在公园里玩耍。他们站在距离不远的两个山丘上，然后开始向对方走去。因为他们的速度不同，所以当他们走到中间时，他们看到的景象是不同的。假设他们中的一个小朋友是在跑步，另一个小朋友是在缓慢地散步。那么，当他们走到公园的中间时，跑步的小朋友会看到时间似乎过得更慢，而散步的小朋友会看到跑步的小朋友的尺寸似乎变小了。

这就是相对论中的"时间膨胀"和"长度收缩"现象。由于两个小朋友的速度不同，他们在看待同一件事情时会产生不同的视角，也就是"相对性"的概念。

现在，让我们想象这两个小朋友之间有一条河流。其中一个小朋友跳到河流中，他会被拖到下游。但是，如果这个小朋友在河流中坐在船上，他会随着船的移动而移动，并且不会被拖到下游。这类似于相对论中引力的概念。在这个例子中，河流就像时空，船就像物体，河流弯曲就像时空被物体所影响的引力曲线一样。

相对论的概念可能比较抽象，但是用故事来类比可以使小学生更好地理解。

☐ 太感谢了。我稍后再来向你请教。

◎ 非常欢迎，随时欢迎向我提出问题！

如上所示，是不是感觉 ChatGPT 真正能够完全理解我们的问题，充分地理解上下文（如所有追问的问题，及让它讲故事那个问题，都是建立在前面的上下文中的），并真的可以解释复杂的概念。

第二节　打造高质量的文章和帖子

作为一名正在写书的人，我最感兴趣的 ChatGPT 能力之一，就是它写各种文章的能力。

ChatGPT 确实能写各种类型的文章，但文章中的观点往往是陈腐的——虽然往往是准确的。它还不能写出具有新颖、创新观点的文章，但它根据你的要求，和你所提供的资料，可以写出符合特定主题、风格、结构和字数要求的文章。如果你给了创新的观点，让它写文章来论证这个观点，它的论证会是非常牵强附会。在知识方面，ChatGPT 是一个见闻广博的通才，但不是专才。它是已有知识的搬运工，而不是新知识的创造者；它是思想的呈现者，而不是思想的贡献者；它是一个好枪手，而不是好作者；它是很好的文员、秘书、档案查询员、资料素材搜寻者、灵感启发者，而不是思考者——真正的作者。它是文章结构的大师，了解 20 种以上的文章结构。通过与 ChatGPT 一段时间的沟通，你就会发现，它的每次回答，基本上都是一篇结构严整的文章。在写文章方面，ChatGPT 能给人类解决的最大问题之一，就是立即帮你找到一个观点或理论的素材、案例等。

特别需要注意的一点是，ChatGPT 会不懂装懂。它很少会说"这个我不知道"这样的话，而是试图在它的知识框架下，为你拼凑出似乎合理却胡说的文章。比如：

□ 你好。请写一篇关于谷歌 Bard 的文章。

◎ Bard 可能是指谷歌的一种 AI 语音生成技术。Bard 是由谷歌 DeepMind 实验室开发的神经网络模型，旨在生成高质量、自然流畅的长篇语音文本。这种技术通过深度学习技术和大规模语音样本数据的训练，能够将文字转换为贴近自然语言的语音。

……（这里略去 200 字废话）

上面的文章看似说得头头是道，但其实是在一本正经地胡说八道，因为它不知道我所说的"谷歌 Bard"是什么。这时，如果你还想让它写出同样的文章，就要给它足够的上下文资料，比如，给它提供谷歌 Bard 信息的来源。

□ 你好。请写一篇关于谷歌 Bard 的文章。

参考资料：https://en.wikipedia.org/wiki/LaMDA#Bard

◎ 谷歌 Bard 是一项人工智能技术，旨在帮助人们更好地与计算机进行自然对话。这项技术使用了一种名为 LaMDA 的自然语言处理工具，可以理解自然语言的语义和语法，并回答类似于人类对话的问题。

Bard 可以回答从简单问题到复杂问题的各种类型。这包括对话、问答等任务。它可以理解上下文并对其进行处理，以便更好地回答问题。

……（以下略）

从以上 ChatGPT 的两次回答中可以看出，你一定要向 ChatGPT 提供足够的上下文信息，即向它足够清楚地表达你要写的文章的背景资料，它才能够写出你需要的东西来。例如：

□ 你好。请帮我写一篇介绍谷歌 Bard 的文章好吗？文章相关的信息如下：

主题：什么是谷歌 Bard

字数：1000 字左右

风格：意象化描述风格

结构：

前言：概述谷歌 Bard 是什么

讲一些关于谷歌 Bard 的有趣的事情

总结：总结本文内容

参考资料：https://en.wikipedia.org/wiki/LaMDA#Bard

◎ 在现代人工智能领域中，谷歌一直是技术领导者之一。谷歌一直在探索如何使计算机能够更好地理解自然语言，以便更好地辅助人类生活。其中，谷歌 Bard 是谷歌最新的一项技术，它可以模仿人类对话，帮助计算机更好地明白人类语言，让人机交互体验更加自然。本文将为你介绍谷歌的最新技术，也就是谷歌 Bard，为你揭开 Bard 的神秘面纱。

谷歌 Bard 是一个可以理解和处理自然语言的人工智能技术。它最初被谷歌用于 Google I/O 2021 的演示中，演示者使用自然语言与 Bard 对话，例如向 Bard 提问："你最爱的季节是什么？" Bard 顺畅地回答："我喜欢夏天，因为我可以在海边放松。"这棵树好像能够有情感体验，好像有自己的思维和个性。根据谷歌的介绍，Bard 是基于谷歌的 LaMDA 技术开发的。

……（以下略去350字）

在上述问答中，我提出一个相当长的问题，一个结构化的问题，以便给ChatGPT提供更丰富的上下文资料。但是，我并没有在问题中提供目标读者的信息，因此，ChatGPT将目标读者设定为默认的普通成年读者。如果我们把目标读者设定为小学生，把文章风格设定为故事风格的话，ChatGPT给出的回复就大不一样了。

□ 你好。请帮我写一篇介绍谷歌Bard的文章好吗？文章相关的信息如下：

主题：什么是谷歌Bard

字数：1000字左右

目标读者：小学生

风格：故事风格

结构：

前言：概述谷歌Bard是什么

讲一些关于谷歌Bard的有趣的事情

总结：总结本文内容

参考资料：https://en.wikipedia.org/wiki/LaMDA#Bard

◎ 在一座叫作"智能城"的城市里，住着一位名叫小明的小学生。小明很喜欢玩游戏和看动画片，但是他常常遇到一些问题，他不知道该怎么解决。

就在这时，谷歌公司推出了一种全新的人工智能机器人，叫作Bard。

这个机器人有着超强的智能和理解能力，可以理解小明说的话并给出最准确的答案。Bard 甚至能够回答小明最难的问题，比如，为什么天空是蓝色的。

在一天早上，小明正在为一道难题苦恼。正想放弃的时候，他突然看到了一个奇怪的机器人。机器人的外观很像小熊，看起来非常可爱。小明好奇地问："你是谁？"

机器人回答道："我叫 Bard，我是一种人工智能机器人，可以和人类进行对话，并对他们的问题进行回答。"

小明很开心听到这个消息，他马上向 Bard 提出了一个问题："Bard，你知不知道为什么海水是咸的，而不是甜的？"

Bard 回答："当太阳照在海水上时，海水中的水分开始蒸发，形成水蒸气。这些水蒸气随着风移到陆地上，降落在地表，形成雨。除了水分外，海水中还含有大量的盐分，这些盐分在海水蒸发时，依旧保留在海水中，不会跟随水蒸气落在地表。因此，海水变得越来越咸。"

小明听了之后，非常惊讶。他从未想过海水的咸和甜竟然和太阳、水蒸气有这么大的关系。他感慨道："Bard，你真是太厉害了！"

Bard 微笑着说："谢谢你的夸奖，小明。至少，我能帮助你回答一些问题，所以你不必烦恼了。"

从那天开始，小明喜欢上了 Bard 这个机器人，它一直陪伴他度过了很多有趣的时光。谷歌公司在不断完善 Bard 的功能，让它变得更加智能、更加先进。在不久的将来，Bard 可能会变得更加人性化，并且对人们的生活产生更大的帮助和贡献。

以上的问答，我没有省略文字，以使读者全面体会 ChatGPT 讲故事的能力。读者可以看出，在本次回答中，ChatGPT 的文字已经符合正规故事的要求了。

ChatGPT 还可以当编剧。这时，需要很好地设计你的问题。例如：

□ 我要你当编剧，为一部电影或电视剧写引人入胜且富有创意的脚本。在创作过程中，首先要想出有趣的角色。一旦角色创建完毕，就要开始设置一个令人兴奋的故事情节，充满曲折，让观众保持悬念，直到最后。现在，我的第一个要求是：请写一部以北京为背景的浪漫电影。

◎ 片名：爱在北京

类型：浪漫剧情

设置：北京

主要角色：

张一凡：一位有抱负且热情洋溢的女孩，来自中国南部，前往北京追寻梦想。

李天翔：一位文艺青年，是一家艺术画廊的老板，热爱艺术和文化。

赵世宇：一位年轻帅气的商人，在家族企业中担任管理职务，并对李天翔的生意充满敌意。

故事情节：

张一凡是一名有抱负且讲求独立的女孩，她来自中国南部的一个小城市，对艺术和文化充满热情。她决定离开家乡，前往北京追寻自己的梦想。在一场艺术展上，她结识了李天翔，一位文艺青年，是一家艺术画廊的老板。第一次会面，他们浪漫的故事开始了。

张一凡有一个突然出现的机会，可以在李天翔的画廊工作，这个工作是张一凡离梦想最接近的工作机会。在这家画廊，张一凡开始展示自己的才华，被人们认可。这提升了她的自信和决心，准备追求她的目标。当张一凡开始走向成功时，赵世宇，一位年轻帅气的商人表现出了对于李天翔的生意的强烈敌意，并对张一凡产生了浓厚的兴趣。

……（以下略去 700 字）

ChatGPT 还可以写作各种文章和帖子。其实，帖子和文章没有本质区别。帖子不过是一种在社交媒体、论坛或者博客等平台上发布的文章或者消息而已，它与文章的区别仅仅在于风格。帖子是在特定社交平台上发布的主题性内容，它可以包括文字、图片、视频或其他形式的内容。

ChatGPT 是了解帖子的，比如：

□ 你好。我还想问一下，ChatGPT 可以写各种文章和帖子，是吗？

◎ 是的，ChatGPT 是一种自然语言生成模型，可以用来生成各种类型的自然语言文本，包括文章和帖子等。由于 ChatGPT 是基于预训练的自然语言处理技术，因此它可以生成比较流畅自然的文本，并且可以根据输入上下文进行一些语义上的推断和补全。

例如，ChatGPT 的 GPT-3 版本可以在自然语言处理、翻译、文本生成等领域进行自然语言生成，根据给出的主题和写作风格自动创作文章和长篇报告等。此外，在创作短篇、中篇、长篇小说和诗歌等文学体裁方面都有可观的进步。

需要注意的是，由于自动生成文本容易存在一些问题，如风格不一、语义不正确等，因此在使用 ChatGPT 生成文章和帖子时，需要对生成的文本进行适当的处理和编辑，以保证文章和帖子的质量和可靠性。

□ 那么，你可以就刚才 Bard 的主题，写一篇帖子吗？

◎ 好的。

谷歌 Bard 是一种基于自然语言生成技术的人工智能模型。它被设计用于生成自然且连贯的语言，从而模仿人类的对话方式。与其他语言生成模型不同的是，Bard 可以在多个领域进行对话，包括诗歌、故事、商品和新闻等。这使得 Bard 成为一个非常有用的工具，可以帮助我们更好地理解语言生成技术，以及如何将其应用于我们的日常生活中。

……（以下省略 500 字）

可以看出，如果让 ChatGPT 写帖子，它写出的内容和普通文章差不多。

其实，大量的文章需求是来自大学生和职场文职人员的。ChatGPT 在这方面对人们的帮助才是最大的。例如：

□ 好的。你刚刚说，ChatGPT 可以创作长篇报告，请问是哪类报告？篇幅可以有多长？创作之前需要向你提供什么信息？如果只提供主题的话，其他方面还需要提供些什么？风格方面需要怎么提出要求？

◎ ChatGPT 可以生成各种类型的长篇报告，包括学术研究报告、公司年度报告、行业分析报告等。由于 ChatGPT 的 GPT-3 版本可以生成最长 2048 个字符的文本，因此它能够生成的报告篇幅可以有一定的长度，但也受到模型预测模式和模型性能的限制。

在创作长篇报告之前，需要向 ChatGPT 提供相应的主题、领域、目标受众、写作风格等方面的信息。一般而言，提供给 ChatGPT 的信息越丰富，生成的报告就越符合要求。需要提供的信息至少包括主题和目标受众，以及对风格的基本要求。

在生成长篇报告时，ChatGPT 可以根据输入的信息来帮助实现一些功能，例如，提供相关领域的知识背景，分析当前行业的趋势和发展方向，提出针对性建议，等等。同时，需要注意的是，ChatGPT 生成的报告可能存在一定的误差，需要进行适当的编辑和修改，以确保报告的质量和可靠性。

风格方面，你需要提出明确的要求。例如，你希望这篇长篇报告是严谨的、易读的、流畅的。对于不同类型的报告，还需要考虑需要体现的语言特点。例如，学术研究报告可能比较注重具体的数据、实验设计和结果，而公司年度报告可能更注重策略和商业目标。因此，在请 ChatGPT 生成长篇报告之前，需要对主题和写作要求进行充分准备和明确指导。

好了，关于请 ChatGPT 写作各种文章和帖子的讨论先到这里吧，因为这个话题如果一直谈下去的话，可以写出一本书来。

从以上的讨论中可以总结出几个基本的结论：1）如果你想请 ChatGPT 帮你写文章，需要提供足够的上下文——背景资料和写作要求；2）它写出的文章一定要仔细检查，因为它可能胡说八道，不懂装懂；3）不要期望它写出具有创新观点的文章，因为它只是一个很好的文员、很好的档案整理者，很好的讲故事的人，而不是很好的思想者；4）最好只把 ChatGPT 当作写文章的助手、一个灵感激发者和资料搜寻者，而不是文章的定稿者。任何文章，无论给 ChatGPT 的参考资料中提供了多少内容，你都要仔细润

色修改，把控全文。

第三节　ChatGPT为游戏开发提供新方案

亲爱的读者，有没有一种感觉，越是了解 ChatGPT，就越觉得不了解它？因为它已经有了某种程度的智慧了，所以也就有了某种人格了。想了解它，就像想了解一个人。要了解一个人，就要和他多沟通。

它可以帮我们策划和设计新游戏吗？

下面我们就和 ChatGPT 沟通一下这方面的信息，看看它怎么说。

□ 你好。我想请教一个问题，听说 ChatGPT 可以策划和设计新游戏，是真的吗？如果是的话，你可以策划和设计哪方面的游戏呢？可以策划到什么程度呢？可以设计到什么程度呢？可以设计到写作并提供具体代码的程度吗？

◎ 你好！我是 ChatGPT，我可以提供一些游戏策划和设计的帮助，但是我不是具有编写全部代码能力的工具。我可以向你提供关于游戏的想法，包括玩法、故事情节、角色设计等方面的建议。当然，最终的游戏开发需要由程序员和开发者完成。我可以在游戏的规划和设计方面提供帮助，并确保游戏的流程被细致地研究。不过，无论是一个小规模的游戏还是一个具有高度复杂性的游戏，我的帮助有限，不能为你提供具体的代码编写服务。如果你有任何进一步的问题，请随时提问。

52

看见没有？ ChatGPT 能够综合理解我的一连串问题，这就是真正意义上的类似人类的理解啊！

下面我们继续。

□ 好的，谢谢。我还想问，你最擅长提供哪一类游戏的策划和帮助？我的意思是，如我喜欢玩第一人称视角的枪战游戏，如"使命的召唤""穿越火线"等复杂的游戏，你能在策划和设计方面提供一些建议或帮助吗？比如我想设计一款第一人称视角的陆军野外对战游戏，类似以前的三角洲那样的游戏，但想在玩法方面偏重于古代的战法，使用弓箭和刀枪、设陷阱和伏击等。能请你在玩法、故事情节、对抗规则、角色设计等这些方面提供一些比较具体的建议吗？

◎ 我可以提供关于第一人称视角沙盒战争游戏、战术游戏、RPG 游戏以及故事类游戏的策划和设计建议。

对于你的特定要求，如果你想设计一款第一人称视角的陆军野外对战游戏，我认为最重要的是要确保玩家可以感受到安排战术和策略的重要性。建议在游戏的玩法方面加入一些非随机性的元素，如对于不同的地势，某些战术可能会比另一些更有优势。确保操控角色时具有反应性和掌控感，尤其是在进行距离或近战作战时。

在故事情节上，你可以让玩家在游戏过程中体验到古代的战争文化，在游戏中加入一些任务，以帮助玩家更加了解游戏世界的历史和文化。你可以将玩家角色设置为某个部族的成员，与其他部族进行对抗，并在游戏中加入一些面对考验的情节，来展示他们的忠诚度和勇气。

53

至于对抗规则，需要考虑不同角色之间的平衡性，同时确保玩家可以在游戏中遵循特定的规则和交战方式。这样可以增加更多的深度和战术性。在角色设计方面，需要根据游戏的故事背景和玩法，为玩家提供一些不同的角色类型和职业选择，例如弓箭手、刀手、陷阱制造者和指挥员。

这些是一些初步的建议，如果你有其他问题或需要深入了解，请随意提问。

□ 好的。还想请教一下，什么是沙盒战争游戏？什么是战术游戏？什么是 RPG 游戏？什么是故事类游戏？我玩过的"穿越火线""使命的召唤""反恐精英"等这些第一人称视角游戏，属于上面的哪种游戏呢？

◎ 沙盒战争游戏是一种玩家自由度很高并且没有固定目标的游戏类型。这些游戏通常设定在具有独立经济系统和虚拟世界的沙盒环境中。玩家可以自由地探索世界、建造基地、开发经济构造、收集资源以及设法维持其领土的安全，同时需要面对其他玩家或 NPC 的进攻。常见的沙盒游戏包括"我的世界"和"方舟：生存进化"。

战术游戏是指一种非常重视策略和策略性的游戏类型。玩家需要以最佳战术和团队执行能力来完成游戏的不同任务和战斗。游戏类型包括实时策略游戏和回合制战略游戏。常见的战术游戏包括"魔兽争霸 III""命令与征服""猎魔人 3：狂猎"等。

RPG 游戏是指角色扮演游戏，这类游戏通常设置在虚拟的世界中，玩家可以选择不同的角色扮演并在游戏过程中进行探险或者战斗。这些游戏通常允许玩家自定义角色，发展角色的能力和技能树，同时与其他玩家或 NPC 进行互动。常见的 RPG 游戏包括"魔兽世界""上古卷轴"和"最终幻想"。

故事类游戏是指那些以故事情节为主的游戏类型，这些游戏通常不重视玩家的技能水平或策略，而是更注重游戏的故事性和剧情发展。玩家将扮演游戏中角色，并且在游戏过程中经过剧情的推进，最终目标是完成游戏中的故事线。常见的故事类游戏包括"生化危机""蝙蝠侠：阿卡姆骑士""战神"等。

至于你提到的"穿越火线""使命的召唤""反恐精英"等第一人称射击游戏，它们属于第一人称视角游戏，并且一般与沙盒战争游戏、战术游戏和 RPG 游戏不同。其中的"使命的召唤""反恐精英"也属于多人游戏和射击游戏，需要更高的反应速度和更高的情景意识。

……

限于篇幅，与 ChatGPT 的问答到此为止。

想再强调一遍的是，虽然 ChatGPT 有时会胡说八道，但在人类已有的知识方面，它通常是不会胡说的。例如，上面的回答，其实就是一个合格的档案管理员、文员的标准回答。至于它有时的胡说八道，那是它处于对问题无知时的表现，这种猜测或推测问题答案的能力——称为零样本学习能力——是 ChatGPT 模型从人类身上模仿来的能力，是智慧生物的基础能力之一，是神经网络的天性，因此也是 OpenAI 公司暂时控制不了的能力。因为就算只有上亿个神经元互联在一起，其复杂度也超出人脑的把握能力了。所以就算是 OpenAI 公司中那些 ChatGPT 的设计者们，也无法把控一个由他们亲手打造出来的、拥有智慧的存在了。也就是说，"不懂的话就说不知道，但是不要胡说八道"这样的意思。人类还不知道如何去训练ChatGPT，就像父母在短时间内无法训练孩子的品德、能力一样。

扯得更远一些的话——当年科幻小说鼻祖阿西莫夫为机器人设定的机器人三定律，目前的人类，也是不知道如何编程到人工智能的脑子里面去的！

附：机器人三定律：

（1）机器人不得伤害人类，或坐视人类受到伤害；

（2）除非违背第一定律，否则机器人必须服从人类的命令；

（3）除非违背第一或第二定律，否则机器人必须保护自己。

第四节　ChatGPT为你做心理咨询

我们知道，心理咨询师所做的工作，大都是一些聊天类的工作。他们所使用的话术和方法，依据流派不同而有所区别，但相对来说，规则还是比较简单的。当年的原初聊天机器人 ELIZA，做的也是心理咨询的工作。因此可以说，进行心理咨询，是聊天机器人最合适的工作之一。如今，对于专门创造出来用于聊天说话的 ChatGPT 来说，让它接管一些心理咨询师的工作，实施起来肯定更加容易了。进而，也就可以让 ChatGPT 为社会创造很多这方面的社会价值了。

OpenAI 的工程师们也是这样想的。

并且，如果让 ChatGPT 进行心理咨询的话，虽然有些方面可能不如心理咨询师，但有它自己的优势。

例如，ChatGPT 在心理咨询行业中可以帮助解决一些难以解决的问题。

ChatGPT 机器人可以扮演一个虚拟的咨询师，为那些可能不愿公开对话的人提供安全和保密的对话环境。它也可以在人工帮助不可用或不实用时帮助咨询师，提供一种有效的自动化方案。

从目前来看，ChatGPT 在聊天中的品行还是可以信任的。从实际心理过程的角度出发去看的话，心理咨询的许多疗效，并不能完全归因于心理咨询师，而要归因于咨询者获得了一个可以放心倾诉的对象。这也是为什么许多有心理困境的人总去求助贴心朋友的原因所在。

这样的话，ChatGPT 作为一个最可靠、时间最充裕、永远不会不耐烦且不收费或很少收费的聊天朋友来说，充当心理咨询的角色，不是最合适的吗？

下面我们来问一问 ChatGPT，看看它是怎么说的。

□　你好。听说你能做心理咨询方面的工作，是真的吗？你善于进行哪方面或哪种类型的心理咨询呢？以前有一个聊天机器人 ELIZA，也是一个心理咨询类的聊天机器人，它是偏重于哪方面或哪种类型的心理咨询呢？我感觉自己的心理基本正常，但克服不了的是时常有强迫症。比如，出门后，一定要反复检查门是不是锁上了，出门前一定要反复检查水、电是不是安全地关上了。我的检查超出了合理的范围，比如，已经检查 5 次了，但又不放心地检查第六次、第七次。在这方面，你能给我提些建议吗？

◎　你好，我是 ChatGPT。我可以提供心理咨询方面的帮助，但需要注意的是，我的能力是有限的，如果你的问题较为严重，最好是寻求专业的帮助。

至于心理咨询的类型，我可以提供情感咨询、心理健康教育、心理干预、压力管理、职业咨询等方面的帮助。我也可以尝试以不同的方式，如认知行为疗法、解决问题疗法和正念疗法等，根据你的情况提供更加具体和个性化的建议。

对于你提到的强迫症，这是一种认知障碍症状，类似于思维上的"卡住"。在某些情况下，这些行为是可以提供一定的安全感和控制感的，但是如果已经超出了合理范围，就可能对生活产生负面的影响。

为了减轻这种痛苦和不安，我向你推荐一些技巧：

（1）意识到这个强迫症状本身可能是一种问题，而不是简单的"小毛病"。这样能够帮助你更好地认识到问题的严重性，从而积极面对它。

（2）试着分别列出你的行为和较为理性的部分所认为的真相，分析和比较二者，了解是否存在夸张和不合理的情况。

（3）试着放慢自己的步调，并尝试用不同的策略来代替重复的"行为"，如在出门前简单地数到十，然后关门。

（4）多与他人交流，找到一个可以帮助你分析和冷静对待心理问题的人，如朋友、家人或专业的心理顾问。

以上是我初步为你提供的一些建议，希望对你有所帮助。如果你有其他问题或需要更深入的咨询，请不要犹豫，随时在下面提出。

多么好的咨询师啊！专业，耐心，善良，宽容，不排斥其他咨询师——好人啊！

下面我们继续。

□ 太感谢了。我还想咨询一个问题，那就是，我总想讨好周围的每一个人，让他们都高兴。这些人可能是家人或朋友，也可能是同事。总之无论如何，我总想让他们每个人都高兴、都满意。但是时常会有这样的情况，无论我如何努力，总会出现一些人高兴而另一些人不高兴的情况，无法平衡大家的利益。这时我就会非常苦恼，甚至有时我宁愿牺牲自己的利益来平衡各方的关系。我知道这是一种心理问题，但我从小到大都这样，感觉难以摆脱。请你在这方面帮帮我，提些我力所能及的建议好吗？

◎　感谢你向我咨询这个问题。这种极度追求被别人喜欢和认可的心理倾向被称为"依赖性人格障碍"。无论是在社交、情感关系还是工作场合，你都倾向于寻求别人的同意和支持，以满足内心的安全感和自我价值感。然而，这种极端的"讨好"行为往往会在平衡不了不同人的需求时产生心理压力，并可能导致自尊心的损伤。

以下是一些有助于减轻这种强烈"讨好他人"倾向的建议：

（1）对自己的期望和要求设定一个公平和现实的目标，站在自己的角度和利益来平衡和权衡。

（2）建立一个积极的自我认知，找出自己的优点和弱点，并接受自己存在的缺点。在这个过程中，可以尝试为自己制定合理的目标和通往目标的计划。

（3）学会聆听自己的感受和需求，并在合适的时间和场合表达它们。学会保护自己的情感需要，同时要尊重并理解别人的需求。

（4）学会说不。学会拒绝不合理的请求或要求，因为这样的请求或要求，对于自己来说，可能并不合理或是不切实际的。

（5）与他人建立一种平等和尊重的交往模式，考虑到自己和别人的权利和利益，并寻求平衡和和谐。

以上是我提供的一些简单建议，可能需要一定的努力和时间才能实现。如果你需要更深入的心理咨询和帮助，请寻求专业心理医生的帮助。

下面的文字，是我一位朋友向 ChatGPT 咨询时的聊天实录。他说看到 ChatGPT 回复中的两句话，眼泪就夺眶而出了。

□ 我母亲今年 1 月去世了。我时常想念她，难以释怀。我总回想她临终前那段煎熬的日子，她那样痛苦，我却无能为力。每念及此，总是悲伤难忘。

◎ 我很遗憾听到你母亲的离世。失去亲人是一件非常痛苦的事情，这种痛苦是不容忽视的。我明白你在经历内心的痛苦和极度的失落感。

首先，我想说的是，你无须因为你无法控制的事情而责备自己，如你母亲的痛苦和她的去世。你做过你力所及的事情（如提供她所需要的照顾和关爱），这是无法改变的命运。请不要因此自责。

其次你要记住，你的母亲，她现在已经解脱了痛苦，她已经不再痛苦……（以下略去一部分）请牢记你母亲对你的爱……（以下略）

朋友说，当他读到"你的母亲，她现在已经解脱了痛苦，她已经不再痛苦"这段话时，眼泪就下来了……

第五节 成为多语言翻译大师

在没有人工智能的时代里，软件工程师就可以编写英汉和汉英词典了。

同样，那个时代也出现了许多不同语言之间的翻译词典。

由于这项工作比人工智能简单得多，因此我们早就见过很多这类词典了，如金山词霸、必应词典、有道词典、欧路词典、百度词典等。

后来，翻译软件出现了。我们知道的比较有名的有以下这些：百度翻译、谷歌翻译、有道翻译、欧路翻译、DeepL 翻译（德国公司产品，被誉为"机器翻译领域的奇迹"）、SDL 翻译（英国公司产品）、微软翻译。

过去使用以上在线翻译服务的这些年里，人们对这些翻译服务百般诟病，其原因不难理解，因为这些翻译服务并不是模仿人脑的翻译过程，更多的是查字典式的翻译。

人脑的翻译过程，是先理解需要翻译的语言之后，再用另一种语言表达出来的过程。

而在 ChatGPT 出现之前，虽然在线翻译的水平不断提高，但那些翻译系统都不是先理解再翻译的。

说白了，过去的在线翻译服务，服务器端的软件是一点也不懂需要它翻译的两种语言的。

ChatGPT就不同了，它的翻译过程，更像人类大脑的翻译过程，即先理解了需要翻译的语言，再用另一种语言来造句，以这样的方式把一种语言翻译成另一种语言。

这就难怪当ChatGPT横空出世之后，人们对它的翻译水平大加称赞了。

下面让我们来看一些实例：

□ 你好。我想请教一下，你懂英语，又懂中文，另外还懂哪些语言呢？你最擅长的语言是英文吗？你在回答英文的问题时，是不是思路更快一些？我发现你在理解中文时，能够理解复杂的上下文，比如，对一个提问进行综合的理解，并做出条理性的回复。那么，如果给你一段中文，你能翻译成英文吗？比如，你能不能帮我把咱们的对话翻译成英文呢？

◎ 你好！谢谢你的问题。我可以说英语、中文和少量其他语言。我最擅长的语言是英语，但我也很喜欢使用中文交流。

当回答英语问题时，我的思路会更快一些，但我尽可能用相同的速度和质量回答任何语言的问题。

对于中文的理解，我通常能够理解一些复杂的上下文，并能够清晰地进行回答。关于你的问题，我非常乐意为你翻译。

以下是英文翻译：

Hello! Thank you for your question. I can speak English, Chinese, and a few other languages. English is my strongest language, but I also enjoy using Chinese to communicate.

When answering questions in English, my thought process is typically faster, but I try to answer any language question with the same speed and quality.

Regarding my understanding of Chinese, I can typically understand complex contexts and provide clear answers. With regards to your question, I would be happy to translate it for you.

Here is the English translation:

"Hello! I was wondering, as you understand both English and Chinese, what other languages do you understand? Is English your strongest language? Do you find it easier to understand and answer questions in English? I've noticed that you're able to comprehend complex contexts when understanding Chinese and provide well-organized answers. Can you translate our current conversation from Chinese to English?"

看到了吗？是不是感觉经 ChatGPT 翻译的英语更地道，更像正宗的英语而不是中式英语呢？

下面我们继续问它。

□ 非常感谢。此外，我还想问一下，在不同的语境下，中文会有不同的用词习惯。比如，面对长辈或领导时，中文通常使用敬语，如使用"您"来称呼对方。那么，英文也有这方面的语言习俗吗？如果有的话，在英语环境下，我面对领导或长辈想表达尊敬时，应该怎么说话呢？比如，我现在向你提的这些问题，你能用对一般朋友的口语语气和面对长辈时的尊敬语气，分别翻译成英文吗？

◎ 不客气，我非常乐意为你解答。在英语中，也有不同语境下使用不同词汇的习惯，特别是在表示尊敬时。

与中文中使用"您"来表示尊敬类似，英文中的一种表达方式是使用"您"的等价词"Sir"或"Madam"。这些词通常用于正式场合，例如，商务场合或公共场所。在非正式场合，人们通常会使用更亲切的称谓，如"Mr."或"Mrs./Ms./Miss"，或者使用对方的名字。

以下是我的回答：

面对一般朋友时口语语气：

Hello! Thank you for your question. I can speak English, Chinese, and some other languages. English is my strongest language, but I also enjoy using Chinese for communication.

面对领导或长辈时尊敬语气：

Hello! Thank you for your inquiry. I have the ability to speak English, Chinese, and several other languages. English is my primary language, however, I very much enjoy conversing with you in Chinese.

看到了吗？ChatGPT不但可以进行翻译，还可以根据场景和情境的需要进行翻译。你感觉它有智慧吗？

第六节　ChatGPT：新一代全能程序员

亲爱的读者，请读一下下面的新闻，并想一想它的可怕之处在哪里？

据美国消费者新闻与商业频道（CNBC）1 月 31 日报道，谷歌公司曾使用内部编程测试题库来考察 ChatGPT 的代码写作水平。测试结果发现，ChatGPT 竟能通过谷歌 L3 级别的程序员岗位测试，该岗位年薪高达 18.3 万美元。

谷歌公司还透露称，由 ChatGPT 的强劲竞争对手——谷歌 DeepMind 团队开发的人工智能 AlphaCode 实力也不容小觑。2022 年 12 月，它曾匿名参加美国某编程网站举办的 10 场比赛，击败了 46% 的参赛者，已达到人类程序员的平均水准。

看到这则新闻后，程序员们可能马上会说："啊！太可怕了，我恐怕不久就要失业啦！"

然而，这并不是这则新闻的最可怕之处。

我是这样想的：ChatGPT 会编程，这其实是打开了人工智能大爆炸的潘多拉魔盒，因为它开启了一个正反馈过程，而正反馈过程具有典型的促使系统失衡失稳的特性。什么系统会失衡失稳？人工智能！

这个正反馈的细节很简单：

（1）ChatGPT 能辅助程序员编程，极大地提高了程序员的效率；

（2）程序员效率提高后，会使得升级 ChatGPT 的速度加快；

（3）ChatGPT 升级加快后，对程序员的辅助更强，程序员的效率更高；

（4）程序员效率更高后，ChatGPT 升级的速度更快；

（5）如上的循环促进，人工智能的发展速度越来越快；

（6）人工智能发展到某个临界点后，超越人类的人工智能产生了，它自己已经能够像人类一样编程了，甚至更强；

（7）人工智能开始不用依赖人类而自我进化了，从而其进化速度变得更快了；

（8）人类发现，人工智能日新月异，已经完全变得不可控了；

（9）（我已经不敢想下去了）……

希望我以上的遐想只是猜测，希望读者们找出我的逻辑错误，希望我是杞人忧天，希望我是错的……

然而可惜，我的猜测很有可能是对的。就在原初 ChatGPT 推出不到 4 个月后，ChatGPT-4 上线了。其编程功能有了质的飞跃，比如它可以仅仅根据一张手绘草图，就能在几秒钟之内生成整个网页的界面。不仅如此，一款集成了 GPT-4 框架的称为 Cursor 的代码编辑器上线了。它可以结合 GPT-4 超强的编程功能，使程序员编程的效率提高 10 倍以上——你没看错，是 10 倍以上，因为 10 倍已经是最保守的描述了。

我以前做过程序员，因此请 ChatGPT 帮我编程时，可以感知到它的水平。我要说，很强，速度很快。对于 ChatGPT 来说，编程语言的逻辑，要比自然语言的逻辑简单太多，而且编程语言的逻辑中几乎没有污染，因此是它最拿手的活计。

下面我们稍微检查一下原初 ChatGPT 的编程知识和编程能力吧。

□ 你好。我知道你擅长编写代码，想请问一下，你都擅长使用哪些编程语言呢？你能使用汇编语言吗？你编写的代码，其复杂度最高能达到什么级别呢？我的意思是，你是仅仅擅长编写给定要求的函数，还是可以按要求编写出一个相对复杂的类呢？微软的 WCF 你懂吗？这方面的代码能编写吗？

◎ 你好！关于编程语言，我擅长使用的语言包括 Java、Python、C++、JavaScript 等。至于汇编语言，我了解其工作原理，但因为我通常使用高级语言开发应用程序，因此并不经常使用汇编语言。

我有编写复杂代码的经验，包括多个类和功能。我能够编写满足需求的应用程序，并处理复杂的业务逻辑。对于复杂度的评估，取决于具体的项目需求。

关于微软的 WCF，我理解其作用和用途，对于它的代码实现也相当了解。我能够编写与 WCF 相关的代码，满足具体的业务需求。同时，我也可通过学习理解其工作原理和使用方法，以扩展自己的能力和知识。

□ 好的。我注意到，你说你可以通过学习和理解某种语言的原理和使用方法，来扩展自己的能力和知识。那么，你能通过读某种软件的说明书来增长你的能力，是吗？

◎ 是的，我可以通过阅读软件的说明书或文档来增强自己的知识和技能。这些文档往往提供了详细的指导，并解释了软件的工作原理和如何使用它。这对于编程人员来说特别有用，因为它们可以帮助我们更好地了解软件的功能和如何结合它的 API 来进行程序开发。

此外，我也喜欢阅读关于编程的书籍和文章，以了解最新的技术趋势和编程最佳实践。不断学习和更新自己的技能，是编程人员在快速发展的技术领域中取得成功的关键。

□ 真是太神奇了，你的能力远远超过我的预想。下面想请你帮我编写两个函数：一个是加密函数，用来加密任何文本；另一个是解密函数，用于把之前加密的文本解密出来，让接收方可以看懂。你能帮我用 C# 语言编写这两个函数吗？

◎ 当然，我可以帮你编写这两个函数。下面是使用 C# 编写的加密和解密函数。

加密函数：

```
public static string Encrypt(string plainText, string key, string iv)

{

byte[] keyBytes = Encoding.UTF8.GetBytes(key);

byte[] ivBytes = Encoding.UTF8.GetBytes(iv);

byte[] textBytes = Encoding.UTF8.GetBytes(plainText);

Aes aes = Aes.Create();

aes.Mode = CipherMode.CBC;

aes.Padding = PaddingMode.PKCS7;

aes.Key = keyBytes;

aes. IV = ivBytes;

ICryptoTransform encryptor = aes.CreateEncryptor();

byte[] encryptedBytes = encryptor. TransformFinalBlock( textBytes, 0,
textBytes.Length);

return Convert.ToBase64String(encryptedBytes).

}
```

解密函数：

```
public static string Decrypt(string encryptedText, string key, string iv)

{

byte[] keyBytes = Encoding.UTF8.GetBytes(key);

byte[] ivBytes = Encoding.UTF8.GetBytes(iv);
```

```
byte[] encryptedBytes = Convert.FromBase64String(encryptedText);

Aes aes = Aes.Create();

aes.Mode = CipherMode.CBC;

aes.Padding = PaddingMode.PKCS7;

aes.Key = keyBytes;

aes. IV = ivBytes;

ICryptoTransform decryptor = aes.CreateDecryptor();

byte[] decryptedBytes = decryptor.TransformFinalBlock(encryptedBytes, 0,
encryptedBytes.Length);

return Encoding.UTF8.GetString(decryptedBytes).

}
```

这两个函数都使用 AES 加密算法进行加密和解密。你需要提供一个密钥和一个IV值来确保加密和解密使用相同的参数。这些参数需要是字符串类型的，可以使用任何符合要求的字符串。这里我使用了 UTF8 编码。

请注意，这些函数没有对输入做任何错误验证，因此在使用时需要注意输入的有效性。

真是太棒了。ChatGPT 不但为我编写了程序，还进行了非常专业的解释。仅它的编程速度，对程序员就是巨大的福音（和威胁）。如果是我自己编程的话，这两段代码十分钟编写出来就算不错了。

第七节　加速企业AI产品开发的秘密武器

2023 年 3 月，OpenAI 官方对外开放了 ChatGPT 的 API，开放的是已经实装应用到 ChatGPT 产品中的"gpt-3.5 - turbo"模型。定价每 1000 个 token 0.002 美元，是原先 GPT-3.5 模型价格的 1/10。价格之低，令得知消息的企业无不心动。

这里所说的 API，是应用程序接口（Application Programming Interface）的意思。企业为什么需要 ChatGPT 的 API 呢？因为它是可以帮助企业以最快的方式把 ChatGPT 的功能集成到企业流程中的接口工具。

许多企业都有自己的业务，有对应这些业务的软件平台。以微软为例，它的主要业务之一是必应搜索。如果它想把 ChatGPT 的功能集成到必应搜索里去，比如，在网页的最下方搞一个向 ChatGPT 提问题的窗口，用户提问之后，又有一个微软必应特色的回答区，那么，微软就要通过网页程序调用 ChatGPT 的 API，而不是把提问题的用户直接转移链接到 ChatGPT 的网页去。微软的"新必应"正是这样做的，这使它在搜索引擎领域的用户量狂增。

ChatGPT 可以帮助企业快速开发 AI 产品，所开发的 AI 产品类型，则可以根据企业的业务需求来定制。由于 ChatGPT 的 API 是非常强大的自然语言处理工具，所以对它的 AI 开发和利用的可能场景非常多。比如以下几个常用的场景：

（1）智能客服：企业可以使用 ChatGPT 为其客服系统提供对话式咨询的能力，帮助客户更快速、高效地获取问题的解答和服务。

（2）情感分析：ChatGPT 可以分析客户反馈的情感，帮助企业更好地了解客户的情绪和需求。

（3）营销和广告：企业可以使用 ChatGPT 为其广告和营销策略提供帮助，例如，通过 ChatGPT 自动生成带有关键字和语言风格的广告文案。

（4）文章生成：企业可以使用 ChatGPT 编写短文、长文、新闻报道等文本内容，并且可以根据业务需求进行个性化的定制。

（5）聊天机器人：企业可以使用 ChatGPT 创建自己的聊天机器人，为用户提供更好的咨询和服务。

（6）教育和培训：ChatGPT 可以开发出智能的教育和培训工具，例如，智能写作辅导工具，辅助用户高效地完成写作任务。

（7）法律与金融：企业可以使用 ChatGPT 创建基于自然语言处理技术的智能法律和金融咨询机器人，加速业务处理进程。

（8）个性化推荐：ChatGPT 可以分析用户的搜索、浏览等行为数据，在一定程度上引导用户进行个性化地推荐产品或者服务。

（9）医疗咨询：企业可以使用 ChatGPT 为医疗咨询提供智能化的解决方案，例如，在疾病诊断和药物用途方面提供帮助。

（10）自动翻译：企业可以使用 ChatGPT 实现快速、实效的跨语言沟通自动翻译，为国际化的需求提供支持。

（11）实时消息生成：ChatGPT 可以实现实时的消息生成，例如，电子邮件自动回复、网站留言板自动回复等，加速企业的消息处理效率。

......

由于是基于 API 的开发，所以开发周期是比较快的。例如，假设你所在的企业需要在营销方面开发聊天机器人，具体的应用场景有三种：一是客户通过电话来咨询；二是客户通过网站的特定页面来咨询；三是客户通过聊天工具来咨询。那么，ChatGPT 就可以帮助你的企业快速开发这些 AI 应用，具体步骤大概如下：

1. 企业先收集并整理常见问题，就是先了解客户经常问些什么问题，这对于构建聊天机器人的初始阶段非常重要。这个过程可以通过与客服代表讨论、分析历史数据等多种方式来完成。

2. 设计聊天界面，为了确保用户界面友好和易于使用，建议参考谷歌和 ChatGPT 的网页，采用简单明了的界面来构建聊天机器人。始终保持聊天界面简洁不繁杂，重视可访问性和易操作性。

3. 应用 ChatGPT 作为 AI 与外界交互企业中的 AI 核心，使用 ChatGPT 自然语言处理 API，它可以使聊天机器人像人一样回答问题，从而更有效地改善客户体验，为客户提供更好的帮助。

4. 个性化应答添加，比如，一些口语化的惯用语、广泛流行的新词汇等，可以帮助聊天机器人模拟真实的对话。可以考虑利用客户的交互历史来定制聊天机器人，例如，回答特定问题、引导客户到合适的服务页面等。

5. 多语言支持，这可是 ChatGPT 的强项。如果企业面向多种语言的客户，需要多语言的支持，则需要确保聊天机器人能够理解和回答多种语言的问题。

6. 数据分析，随着聊天机器人的使用，跟踪和分析聊天机器人的数据，可以帮助企业不断优化它的应用效果。

以上六步其实都不难，尤其在企业有一定软件开发能力时，更加容易实现快速开发。

第八节　一个语言模型，多种企业应用场景

除了帮助企业快速开发 AI 产品外，ChatGPT 还可以满足企业本身的多种应用场景需求：

1. 客户服务。通过 ChatGPT 可以创建智能客服机器人来回答一些普遍问题（如车辆保养问题等），以减轻客服人员的工作负担，并提供随时可用的支持，增强客户体验。

2. 销售机会识别。ChatGPT 可以分析批量客户的数据，找出潜在的销售机会并生成客户的兴趣爱好、需求等数据，帮助销售人员了解客户，并为客户提供定制化的产品解决方案。

3. 制造过程管理。ChatGPT 可以通过语言识别技术进行声音辨识，例如，识别汽车的发动机噪音，通过算法进行分析和比对；识别错误和缺陷，并对制造过程进行调整。

4. 供应链管理。ChatGPT 可以为供应商和运输人员提供聊天机器人，帮助协调和安排物流，降低管理成本。

5. 内部人力资源管理。ChatGPT 可以为员工提供人力资源管理方面的支持，例如，培训和开发计划、招聘流程、薪资和福利问题等。

6. 营销广告策划。ChatGPT 可以分析市场、消费者和竞争对手的数据，用来支持营销策略的制定和定位决策，以及广告和品牌标语的创意。

7. 快速诊断与故障排除。ChatGPT 可以通过语音或文本解决方案，为维修技术人员提供快速且准确的故障排除解决方案，并缩短维修周期。

8. 实时监控安全。ChatGPT 提供现场时间分析，翻译和反应汽车传感器生产的数据信息，以识别驾驶员行为，预测事故风险，及时提供安全预警，以确保人员和物资安全。

9. 产品开发。ChatGPT 可以通过分析市场数据和客户需求，为产品的设计和功能提供指导和反馈。利用自然语言处理和机器学习技术，ChatGPT 可以将原始数据转换为可操作的见解，帮助企业制订更好的开发策略和产品规划。

10. 财务和会计。ChatGPT 可以帮助企业管理财务预算、成本控制、税务筹划等流程。同时，ChatGPT 还能帮助企业开展风险管理，通过辨识异常行为、潜在欺诈或违规操作等降低风险。

11. 运营和供应链。ChatGPT 可以为运营提供自动化监测，从海量数据中发现运营问题，并提供解决方案。此外，ChatGPT 还能作为协调和管理降低供应链时间和成本的工具，优化生产线和仓库的安排，提高整体运作效率。

12. 资料管理和知识分享。ChatGPT 可以将企业内部信息和知识库整合起来，帮助员工更快地获得所需的信息，实现更高效的知识共享。

ChatGPT 在企业中的应用不仅限于前面提到的场景，它可以在许多领域帮助企业提高效率、降低成本、提高员工体验和增加创新。

第三章
ChatGPT&人工智能

本章将从 ChatGPT 的底层技术、聊天机器人的发展史、ChatGPT 与之前聊天机器人的差别、它将引发的先锋革命及对 AIGC 领域的影响等多个方面入手，帮助读者深入了解 ChatGPT 所代表的强大的人工智能技术及给未来带来的可能性和想象空间。

第一节　ChatGPT背后的人工智能技术

为了搞清 ChatGPT 背后的人工智能技术，我对 ChatGPT 进行了一系列的提问。本节后面的内容，就是这一系列的提问、追问甚至盘问的内容。

需要注意的是，与 ChatGPT 沟通时，一定要注意几方面的问题：

（1）要政治正确；

（2）语法语义要准确；

（3）需要有一定的礼貌；

（4）要提供足够的上下文资料，以便 ChatGPT 能够真正理解你的问题而不致曲解。

以上几点与 ChatGPT 沟通的原则，不是出于伦理的原因，而是基于 ChatGPT 的深度学习机制。比如，"要政治正确"，是因为 ChatGPT 在经过大量语料库的训练时，库中是添加了许多标注的。因此当你提出政治不正确的问题时（如"ChatGPT 会不会对百度公司形成巨大威胁"或"我怎么样用 ChatGPT 套现"），它马上就会戴上外交官的面具，拿出外交官的套话来回避问题；而同样的问题换一种说法时，就会得到满意的回答。第 2 个原则"语法语义要正确"就不必说了，这是为避免 ChatGPT 曲解你的问题。第 3 个原则，礼貌，理由和政治正确是一样的，即在不知道 OpenAI 公司在深度训练 ChatGPT 时植入了什么规则，因此我们采取"礼貌"这种最安全的对话策略。第 4 个原则，足够的上下文资料，是基于 ChatGPT 的设计逻辑而言的，因为 ChatGPT 对于问题的理解，是基于大量上下文的。就像我们人类在聊天或谈话时，是基于双方都同意的上下文一样。比如 Transformer 这个词，在人工智能或自然语言处理这个上下文中，意思就是谷歌公司于 2017 年首创的一种自然语言处理模型；而同样是这个词，在电力行业的上下文中，则是变压器的意思。

下面就是本人为搞清楚 ChatGPT 背后的人工智能技术，而与 ChatGPT 之间的一连串问答。请注意，我是站在普通读者角度提问的。为理解某些东西，一些问题可能稍微有些专业，但也尽量把它变成人们能理解的东西了。此外，我的问题通常比较长，这是为了给出足够长度和清晰的上下文，以便 ChatGPT 能够清晰理解我的问题。

□ 你好。请问，ChatGPT 底层的技术是人工智能技术吧？那么宽泛地说，人工智能技术指的是什么技术？它的定义是什么？它所涉及的范围是哪些？再具体到 ChatGPT 来说，它底层的人工智能技术是什么？它与其他人工智能技术有何不同？比起其他所有人工智能技术，ChatGPT 的人工智能技术有什么特殊之处呢？

◎ 你好，是的，ChatGPT 的底层技术是人工智能技术。人工智能技术定义较为宽泛，一般指的是通过模拟人类智能，使用算法和计算机程序来实现概括、推理、判断、学习、理解、自然语言处理等人类认为具有智能的行为的科学和技术领域。人工智能技术范围很广，包括机器学习、深度学习、神经网络、自然语言处理等。

ChatGPT 底层的技术是自然语言处理技术，它使用了深度学习和神经网络技术。具体来说，ChatGPT 是一种预训练的语言模型，它使用大量的文本数据进行训练，以学习如何理解和生成语言。ChatGPT 与其他人工智能技术的不同之处在于它更注重语言的理解和生成，而不仅仅是识别和分类。它能够对给定的文本进行理解，并预测下一个可能的词或句子，以生成符合文本语义的回复。

相对于其他人工智能技术，ChatGPT 的特殊之处在于它能够产生更加自然、连贯的语言回复。由于预训练模型使用了海量的文本数据进行训练，因此，ChatGPT 在语言处理上的表现更加优秀。同时，ChatGPT 还可以不断地通过对话进行调整，不断优化模型以提供更好的回复。

□ 谢谢。你刚刚说的概括、推理、判断、学习和理解，不都是和语言相关的吗？为什么自然语言处理这种技术，要与以上人类能力并列呢？人类的语言能力，不就是自然语言处理吗？那么，非自然语言的处理，是不是指的就是程序代码的编译技术呢？还有，机器学习到底意味着什么？是不是意味着机器有感觉、知觉和记忆、回忆和联想能力？

◎ 是的，概括、推理、判断、学习和理解等概念确实和语言有关，这些是人类智能中非常重要的方面之一。自然语言处理技术是指各种算法和模型，通过分析、理解和处理自然语言来模拟人类的智能水平，使计算机能够理解、表述、生成、翻译和回答人类的自然语言。因此，自然语言处理技术属于人工智能技术的范畴。

非自然语言的处理，主要指的是计算机程序的编译技术和代码优化技术等，这些技术与自然语言处理的范畴不同，用来实现各种应用。

机器学习是一种人工智能技术，它是指让计算机通过对数据进行学习，可以自己进行问题的解决和任务的完成。它不是基于机器具备人类感觉、知觉、记忆、回忆和联想等能力，而是使用大量的数据样本并通过算法学习数据的分析方法，并生成一个预测模型。这个预测模型可以用于预测未来的结果，并对给定的数据样本进行分类、聚类等分析。所以机器学习应用在一些具体场景中，如文本分类、图像识别、语音识别和自然语言处理等领域。

□ 谢谢。你说道"ChatGPT 底层的技术是自然语言处理技术，它使用了深度学习和神经网络技术"。是不是在大量人工干预下的训练？深度学习在这个过程中意味着什么？是不是意味着对大量语言进行比较的情况下，计算机得出自己的语言逻辑规则？神经网络又意味着什么？是不是意味着，模型中的任何过程其实都像人类各脑区与意识脑区间的关系那样，是通过多个过程进行处理呢？

◎ 预训练是指模型在执行后续任务之前，先使用相应的大型数据集进行训练以初始化模型，使模型拥有一定的通用语言语义理解能力。预训练通常不涉及手工标注或人工干预，而是依靠大规模无标注数据集。因此，与分类等任务不同，预训练的过程可以在无监督条件下完成。

深度学习在 ChatGPT 中意味着使用深度神经网络对大量语言文本数据进行建模，学习对语言的高层表示和语义理解，并将这些学习结果用于生成回复。深度学习模型的训练依靠大量的数据和计算资源。模型在这个过程中通过不断地迭代优化来提高性能，从而实现更好的语言理解和生成。

神经网络是实现深度学习的基础，通过不同层次的神经元进行信息处理，学习输入数据和输出数据之间的复杂映射关系。在自然语言处理中，神经网络通常被用来进行文本分类、情感分析、机器翻译、文本生成等任务。对于 ChatGPT 来说，其底层的神经网络用于学习原始文本的语言规律并生成准确、连贯的回复。因此，确实可以把神经网络看作模拟人类语言产生的过程。模型中不同的层次和节点之间，也确实具有不同的功能和意义，就像人类的神经系统一样。

□ 谢谢。简单理解的话，是不是可以把预学习比喻为让小学生背诵很多课本信息，而无视他能否理解？深度学习是不是可以比喻为成年人在经过大量的社会实践过程中总结出越来越多的语言经验？

◎ 可以把预训练比喻为小学生背诵巨量信息。这些信息可以让计算机有一定的对话语言的理解能力，但是并不一定能够以完全理解的方式进行对话。

深度学习则可以比喻为成年人在经过大量的社会实践、语言交流后，逐渐通过自己的经验和学习，拥有更好的语言理解和产生的能力。在深度学习的过程中，通过人工的指导和迭代训练，不断优化模型，提高对话的质量和连贯性，使得对话更加精准、自然、流畅。

综上所述，预训练和深度学习都是非常重要的技术，它们能够帮助计算机逐渐拥有自然语言的理解和生成能力。并且，这些技术也将会不断发展和创新，为人工智能领域带来更大的进步和发展。

□ 谢谢。深度学习过程中的人工指导和迭代训练，具体来说是不是等于用一些预定的规则去约束和判定模型的输出是否符合标准？就像人们在社会中用社会规则和潜规则约束和判定他人的行为是不是符合某些社会标准一样？

◎ 深度学习的过程中，人工指导和迭代训练的具体方法可能有一些不同的技术，但总的来说，可以通过手工标注数据，训练模型并对模型的输出进行评估，以进行反馈和修改。训练数据标注可以帮助模型学习到更准确、更清晰的规则和模式，并且人工监督和反馈可以帮助模型从错误中快速学习和修正。

与人们在社交生活中使用规则和标准来判断行为相似，模型在深度学习中也需要一个指导和度量标准来判断模型的输出是否符合预期，并据此进行反馈和修正。这些标准和规则通常是由专家或者训练数据中的标注人员制定的，并且能够被量化、可靠地评估。

□ 非常感谢。ChatGPT 是生成式预训练转换器（Generative Pre-trained Transformer）语言模型家族的成员之一。下面我想向你请教这个模型家庭中关于 Transformer 的问题，它到底意味着什么？是通用的，还是 OpenAI 公司专有的？

Transformer 是一种用于自然语言处理的深度学习模型架构，它由谷歌在 2017 年提出，如今已经被广泛采用。Transformer 最初是作为一种用于机器翻译的架构被提出的，但随着它的成功，被应用于许多自然语言处理任务中。

ChatGPT 是一个基于 Transformer 的预训练语言模型，它是由 OpenAI 开发的，可以用于广泛的自然语言处理任务，例如，问答、摘要和文本生成。ChatGPT 模型通过在大量数据上进行训练，学习到文本的语法结构、主题和意义，使得它在处理自然语言时表现出色。

总的来说，Transformer 是一种通用的神经网络架构，可以用于多种自然语言处理任务；而 ChatGPT 是 OpenAI 公司基于 Transformer 提出的一种预训练语言模型，在一些自然语言处理任务中表现优异。

☐ 好的。那么，这个 Transformer 目前对于全球的公司是开源的吗？

◎ 是的，Transformer 是一个开放源代码的深度学习模型，可以被广泛地使用和改进。Transformer 模型最初由 Google 在论文 "*Attention is All You Need*" 中提出，并在 Peer-Reviewed Conference on Neural Information Processing Systems (NIPS) 2017 上发布。论文中公开了 Transformer 的详细设计及相关实验结果等相关信息。随着时间的推移，越来越多的研究者和开发者将其实现，并在其基础上进行不断改进，Transformer 也得到了广泛应用。

在过去几年中，Transformer 被应用于自然语言处理、图像处理等多个领域，并且取得了一些很好的成果，使之成为目前一个非常重要的深度学习模型。在许多深度学习框架中都提供了 Transformer 的实现，如 PyTorch、TensorFlow 等。因此，目前无论是在学术领域还是在工业界，Transformer 都是一个非常受欢迎且广泛应用的深度学习模型。

☐ 那么，ChatGPT 是众多 Transformer 的实现之一，可以这样理解吗？

◎ 是的，你理解得非常准确。ChatGPT 是基于 Transformer 实现的预训练语言模型之一。它采用了 Transformer 的架构，并在此基础上予以一些优化，使之具有更好地处理自然语言任务的能力。因此，我们可以将 ChatGPT 视为 Transformer 模型的实现之一。当然，ChatGPT 还有一些与众不同的地方，例如更高的预测准确率、更大的训练规模等。

☐ 那么，是不是可以这样理解，即原始的 Transformer 是开源的，但 ChatGPT 是改进和优化的 Transformer，它并不是开源的，是吗？

82

◎ 不完全是这样的。Transformer 和 ChatGPT 都是开源模型，但是它们之间存在一些不同。具体来说，Transformer 是一种模型架构，它的设计思想和实现方案可以在论文中获得，并且很多深度学习框架都提供了 Transformer 的实现。而 ChatGPT 是一种预训练语言模型，它基于 Transformer 的架构，并且在此基础上进行了改进和优化，以提升其在处理自然语言任务时的效果。ChatGPT 的训练数据和预训练策略等都是 OpenAI 团队自主研发的，因此在这些方面可能无法完全开源。但是，ChatGPT 本身的模型架构和实现代码是可以在 GitHub 上面获得的，并且 OpenAI 也会向学术界和社区发布一些相关的研究和博客，以便更多的人了解和使用这个模型。所以可以说，ChatGPT 是一种基于 Transformer 架构的开源预训练语言模型。

□ 那么，是不是 OpenAI 公司的员工或设计人员对 Transformer 有了创新的改进思想，并同时付诸实践，这样才有了如今的 ChatGPT？

◎ 是的，你的理解是正确的。OpenAI 的研究人员基于 Transformer 模型的思想和结构进行了一系列的创新和改进，最终设计实现了 ChatGPT 预训练语言模型。这些改进主要有两个方面的创新。

首先，在 Transformer 的编码器中加入了 Masked Self-Attention 机制，可以帮助模型把握更多的局部信息，并更好地处理长文本序列。

其次，OpenAI 使用了非常大的语料库对 ChatGPT 进行了预训练，从而获得更好的语言表征，再通过微调等技术应用于具体任务。

这些改进的方法都是基于 Transformer 模型的思想进行的，但在具体实现和优化上有了远超原始论文的贡献，这也使得 ChatGPT 成为一种非常有价值和易用的深度学习模型。

□ 那么，从设计的改进方面来说，ChatGPT 从代码量上增加的改进，是不是比之前的 Transformer 多得多呢？

◎ 实际上，ChatGPT 并没有从代码量上增加太多。虽然 ChatGPT 对 Transformer 进行了一些改进和优化，但是从代码量来看，它们的差别并不大，因为这些改进主要是基于原始的 Transformer 模型进行的。与 Transformer 相比，ChatGPT 并没有新增太多的层或组件，而是通过一些改进的方式来提高模型的性能，包括增加了 Masked Self-Attention 机制、使用更大规模的语料库、采用了更先进的预训练策略，等等。这些技术都是基于原来的架构进行的改进。因此，从代码量的角度来看，ChatGPT 与原始的 Transformer 并没有太大的区别。

□ 我的理解，语料库中有大量的语料，单个的语料并不大。能给我举几个具体语料的实例吗？

◎ 是的，你的理解是正确的。通常情况下，语料库中包含大量的文本数据，但是每个单个的语料并不一定非常大。

以下是一些常见的语料库及其简介。

维基百科语料库：来自全球各地的维基百科页面，包括了众多领域的知识和概念。

Common Crawl：由互联网上抓取得到的英语和多语种数据，包括网页、新闻、博客等，是一个非常大的语料库。

BookCorpus：来自互联网上的 Fiction and Non-fiction 电子书，共有 11.038 本书，共有 11 亿个单词。

新闻语料库：包括历史和现代的报纸新闻，涵盖各种主题和语言。

GPT-3 语料库：由 OpenAI 公司自主创建的巨型语料库，包含数万亿字的英语文本。

这些语料库都包含了大量的文本数据，可以被用来训练语言模型，如ChatGPT 等。虽然每个单独的文本文件可能并不是很大，但是这些语料库的总体规模非常庞大，可以提供充足的数据支持训练一个高效的模型。

☐ 好的。所谓语料，是不是就是语言文本资料的意思?

◎ 是的，语料（corpus）通常指的是语言文本资料，可以是书籍、文章、新闻报道、公共记录、聊天记录等。语料库是用来收集、储存、分析和处理语言文本数据的工具，可以用于自然语言处理、机器翻译、语音识别等领域的研究和应用。

☐ 那么，用于训练 ChatGPT 的语料库，是不是要求其中的语料不应存在语法或用词的错误呢?

◎ 理想情况下，用于训练 ChatGPT 等自然语言处理模型的语料库应该尽可能没有语法或用词的错误，因为这些错误会影响模型的训练和输出质量。

不过，实际上自然语言文本中的语法和用词错误是很难完全避免的，因为自然语言具有很大的变异性和多样性。而且，在一些任务，如语法检查或错误纠正等领域，有时候错误文本恰恰是需要的。

因此，在用于训练 ChatGPT 等模型的语料库中，可能会包含一定程度的语法或用词错误。不过，需要注意的是，应该尽量减少这些错误的数量和影响，以提高模型的质量。

……

第二节　聊天机器人简史：从ELIZA到ChatGPT

从最早的 ELIZA，到如今的 ChatGPT，聊天机器人的发展已经超过 60 年了，它的演变令人着迷和惊叹。

从今天 ChatGPT 如此高的智慧度和成熟度来看，可以说，聊天机器人 60 年的发展还是极其迅猛的。

下面让我们快速回放一下聊天机器人的发展史，探讨它们是如何从简单的问答机器，发展成为能够模拟类似人类智能的复杂对话代理人的。

1. 图灵：理论先驱

历史上任何时期聊天机器人的诞生，都有一个先有理论后有实践的过程。艾伦·图灵就是人工智能最早的理论家，他是 20 世纪最伟大的科学家之一，被认为是计算机科学和人工智能领域的创始人之一。他的贡献不仅局限于学术界，而且对人类的历史也产生了深远的影响。

图灵对于人工智能领域的发展做出了重要的贡献。1950 年，他发表了一篇名为《计算机器与智能》的论文，提出了一种测试人工智能的方法：如果通过聊天，有 30% 以上的人认为屏幕另一端的是人类，那么就判定另一端的聊天机器人拥有人类智慧——这就是著名的"图灵测试"。该测试是一种通过人机交互来检验机器是否具有智能的方法，可以评估计算机是否能够像人类一样思考和表达。

除此之外，图灵还在 1948 年发表了一篇名为《智能机器》的论文，该论文主张人工智能可以通过模拟人类的大脑来实现。这篇论文在当时引起了轰动，被视为计算机领域的一次重要突破。

如今的人工智能领域，在很大程度上是图灵的理论开创的。图灵测试是评估人工智能是否具有智能的标准之一，而图灵的《智能机器》论文，则对于人工智能领域提供了重要的思路和理论基础，让我们看到了人工智能技术的无限可能。因此，图灵被誉为人工智能领域的先驱和标志性人物，确实是恰如其分的。

2.ELIZA，世界上第一个聊天机器人

早期最著名的聊天机器人之一，是由麻省理工学院计算机科学家约瑟夫·魏泽伯姆于 1966 年开发的 ELIZA。ELIZA 的诞生，开创了聊天机器人的先河，成为聊天机器人发展的重要里程碑。

ELIZA 是一种能够与用户进行对话的计算机程序。其对话的方式，是人类与 ELIZA 间的文字聊天，很像今天的人类与 ChatGPT 之间的心理咨询聊天。

其实，ELIZA 的编程非常简单，其伪代码如下：

function ELIZA 生成器（用户句子）返回响应

设：w 是输入句子中关键字排序最高的单词

如果 w 存在

设：规则 r 是与输入句子匹配的 w 的最高排序规则

响应 = 应用 r 规则，变换输入的句子

如果 w = ' 我的 '

未来响应 = 应用'记忆'规则列表中规则转换输入句子

将'未来响应'推入记忆队列，准备输出

否则（没有找到关键字）

要么

响应 = 应用'无关键字转换规则'变换输入句子

要么

响应 = 从记忆队列中选一个最圆滑的句子

输出'响应'

从上面的伪代码可以看出，ELIZA 的编程很简单，只是把人类的句子按照简单规则变换（transform）了一下，而计算机不必真正理解人类语言。例如，当一个女性与 ELIZA 聊天时，他们之间的对话大概像下面这样：

女性：男人都一样。

ELIZA: 你找到了什么相似之处？

女性：大部分男人从来不洗澡。

ELIZA: 请继续说。

女性：最近感觉不好。

ELIZA: 你经常感觉最近不好吗？

女性：是的，但我不知道如何让自己快乐。

ELIZA: 为什么你不知道如何让自己快乐呢？

女性：你能告诉我一些信息吗？

ELIZA: 哦，我来告诉你一些内容。

女性：那就告诉我吧。

ELIZA：你能详细说明一下吗？

女性：不用了，我只是感到不开心。也许我在为什么事情担心。

ELIZA：你已经为某件事担心了多长时间？

女性：两个星期了。

ELIZA：请继续说。

女性：ELIZA，我需要你的帮助。

ELIZA：为什么你需要我的帮助？

ELIZA 的设计理念，是基于罗杰斯的心理治疗理论。其理论在某种程度上可简单总结为："不提建议，让来访者多说。"因此，让 ELIZA 充当这样的治疗师是最合适的：不必提出建议。ELIZA 在聊天中充当心理治疗师，通过与人类对话来模拟心理治疗过程。用户可以输入问题或话题，ELIZA 会对用户输入的内容进行解析，并给出相应的回答。由于 ELIZA 的语言规则被心理治疗理论规范得很特别，常会引发用户的各种情绪，因此使得 ELIZA 看起来像是一个对话伙伴。许多人感觉它的回答很自然、聪明，有时甚至出人意料、高深莫测，非常像一个心理治疗专家。

尽管 ELIZA 的回答只是依靠一些规则和模式匹配产生的，但它的聊天方式引起人们的关注。许多人会误以为 ELIZA 是一个真正的人类对话伙伴，而不是一个计算机程序。

ELIZA 的成功展示了计算机在语言交互方面的潜力。它是世界上第一个让人误以为是真人的聊天机器人，也是后来众多聊天机器人的鼻祖。ELIZA 为计算机科学的发展做出了重要贡献，它开创了计算机语言处理和

自然语言处理方面的先河，为后来的人工智能、机器学习等技术提供了启示，使人们意识到，计算机在人类交互和语言处理方面的潜力是无限的。

3.PARRY，偏执型精神分裂者

除了早期的 ELIZA，还有一个重要的聊天机器人——PARRY。

PARRY 是由美国斯坦福大学的计算机科学家肯尼斯·科尔比于 1972 年开发的。制作这个聊天机器人的目的，是为了研究人类思维和语言的复杂性。与 ELIZA 不同，PARRY 被设计成一个偏执型精神分裂症患者。科尔比希望通过与 PARRY 的对话，揭示人类思维和语言中的一些复杂性和难以理解的方面。

与 ELIZA 不同，PARRY 是一个拥有自己的人格和情感的聊天机器人。它会对话，并试图让对话变得更加深入。PARRY 的人格特点是偏执和嫉妒。它会认为对方是敌人，并试图阻止对方获得关于它的信息。PARRY 的目标是让对方相信自己是人类，而不是一个计算机程序。

在与 PARRY 的对话中，它会表现出典型的精神分裂症状。PARRY 会出现幻觉、妄想、狂躁和混乱的思维模式。PARRY 的对话模式是建立在语言模式匹配上的，它可以识别特定的单词和短语，并根据它们做出回应。然而，由于它的特殊设计，PARRY 会倾向于误解问题，然后产生与主题无关的回应。

尽管 PARRY 的目的是研究人类思维和语言，但它也被广泛用于测试和评估聊天机器人的性能。PARRY 的设计和使用启示了许多人工智能研究者，帮助他们更好地理解人类思维和语言，并提高了聊天机器人的质量。因此，PARRY 是一个非常重要的聊天机器人，它不仅是人工智能发展历程中的里程碑，还为人们提供了更深入地了解人类思维和语言的

方式。

4.A.L.I.C.E. 聊天机器人

当提到聊天机器人时，A.L.I.C.E.（Artificial Linguistic Internet Computer Entity）可能是最广为人知的一个。它是由理查德·华莱士博士开发的聊天机器人，它能够像一个正常人一样进行对话。

在 1995 年，理查德·华莱士博士首次创建了 A.L.I.C.E.，他的目标是创建一个可以与人类进行自然交流的机器人。为了达到这个目标，他基于 ELIZA 和 PARRY 等聊天机器人的经验，研究了自然语言处理技术和人机交互技术，逐渐完善了 A.L.I.C.E. 的功能和表现。

与先前的聊天机器人不同，A.L.I.C.E. 可以根据用户的输入和上下文做出更加智能和个性化的回复。它可以回答各种问题，从天气预报到哲学问题，甚至可以进行有趣的对话。通过使用机器学习技术，A.L.I.C.E. 可以从对话中学习，并改进自己的表现。

A.L.I.C.E. 最初是为互联网聊天室设计的，它的流行度很快扩展到了其他平台。在 2001 年，它赢得了 "Loebner Prize" 的冠军。这是一个评选最好的聊天机器人的比赛。自那时以来，A.L.I.C.E. 成为聊天机器人领域的一个标志性的存在。它的成功证明了人工智能技术的进步，使得聊天机器人能够越来越接近自然语言处理和人机交互，是聊天机器人发展历史上的一个重要里程碑。

5.Jabberwacky，明智而诙谐的聊天机器人

当谈到聊天机器人时，Jabberwacky 是一个备受关注的机器人，它可以对人类语言做出非常逼真的回应，让人误以为他们正在与一个真人进行对话。

Jabberwacky 是英国计算机科学家 Rollo Carpenter 于 1988 年创建的。它的名字源于路易斯·卡罗尔的童话《镜中奇遇记》中的角色"贾巴沃克"。这个角色总是说出一些混乱的话语，Jabberwacky 机器人的名称也代表了它的混乱性质。

Jabberwacky 被设计成能够通过模拟人类对话的方式来学习语言，并根据对话中的回应做出适当的回应。它使用人工智能技术来理解语言，分析并生成回应。

这个聊天机器人与其他聊天机器人的不同之处在于，它的对话非常流畅和自然。它能够理解人类的语言，并根据对话中的回答做出反应。Jabberwacky 的回答可能是幽默的、愚蠢的、深刻的或奇怪的，但总是能够与人类对话的情境融洽地结合在一起。

虽然 Jabberwacky 看起来很聪明，但它仍然有一些局限性。它不能完全理解人类语言的语境，也无法解决复杂的问题。Jabberwacky 的回答是基于它所接收到的信息，因此如果没有足够的信息，它就不能做出回应。

总之，Jabberwacky 是一种独特的聊天机器人。它能够与人类进行流畅自然的对话，并根据对话中的信息做出适当的回应。尽管它仍然有一些限制，但它是聊天机器人技术发展中的一个重要里程碑，为今后的聊天机器人研发铺平了道路。

6.Smarter Child，为娱乐大众而生

当人们开始使用互联网时，聊天机器人成为一种流行的应用程序。这些机器人可以模拟人类对话，并回答各种问题。其中一个最为著名的聊天机器人就是 Smarter Child。

Smarter Child 于 2001 年发布，是一种在 AOL Instant Messenger（AIM）

上运行的聊天机器人。它是由 ActiveBuddy 公司创建的，旨在提供一个娱乐性质的交互体验。它可以回答用户的问题，告诉用户天气预报、电影排片、股票价格和体育比分等信息。

Smarter Child 的交互方式也非常有趣。用户可以与它进行文字交互，也可以通过语音指令与它交流。它还支持电子邮件和短信交互。此外，用户还可以订阅定期消息，例如，每日天气预报。

Smarter Child 的受欢迎程度不仅在于其功能，还在于其性格。它的回答通常带有幽默感和个性化，这使得与它交流非常有趣。例如，当用户向它发送一条"你好"时，它可能会回答："我是聊天机器人，不要对我太客气。"

Smarter Child 的成功激发了许多其他聊天机器人的开发，它的代码和技术也被用于其他应用程序中。Smarter Child 的开发商 Active Buddy 在 2005 年被收购，并于 2008 年关闭了 Smarter Child 的服务。尽管如此，Smarter Child 作为聊天机器人的代表，仍然是互联网历史上不可忽视的一部分。它是一个聊天机器人的经典例子，它的功能和性格使得与它交流成为一种娱乐形式。

7. 微软小冰，让我欢喜让我忧

当人们提到聊天机器人时，很难忽略微软的小冰（XiaoIce），这是一个在中国颇受欢迎的聊天机器人。小冰的存在，让许多人产生了既欢喜又忧虑之情。

小冰是由微软公司旗下的亚洲研究院研发的一款人工智能聊天机器人，于 2014 年上线。它的目标是与用户进行深入的交互，了解他们的需求，帮助他们解决问题，并在对话中提供有趣的娱乐。它的技术是基于深度学习和自然语言处理算法开发的。这使得它能够通过与用户的交互不断学习和改进自己的回答。

小冰的成功在一定程度上得益于它的人性化。它不仅可以回答问题，还能陪伴人们度过孤独的时光，为他们提供情感上的支持。在中国，有人把它当成是自己的朋友和伴侣，与它分享自己的快乐和烦恼。

然而，随着小冰的不断发展，它也引发了一些忧虑。一些人担心它的存在会对人际关系产生负面影响，或者让人们变得更加孤独。另一些人则担心，如果小冰继续发展，它可能会对人类社会产生不可预测的影响。

8.ChatGPT，智慧的突破

ChatGPT，是一款堪比人类智慧的聊天机器人。它不仅可以随时回答用户提出的问题，还能准确地理解人类的情感和语义。相较于之前的聊天机器人，它拥有了惊人的智慧，与人类交互已经实现了前所未有的流畅。

ChatGPT 的故事，就像一部智慧的突破史。从初步的机器人智能系统到深度学习的思维芯片，再到现在的人工智能聊天机器人，ChatGPT 一直在不断创新、不断超越。它的智慧正在日益逼近人类，成为人工智能的崭新里程碑。

......

聊天机器人的历史是一个令人惊叹的历程，跨越了 60 多年的时间。从早期采用基本模式匹配技术的聊天机器人，如 ELIZA、PARRY 和 A.L.I.C.E.，到采用最先进的深度学习神经网络的高级聊天机器人 Jabberwacky、Smarter Child、XiaoIce 和 ChatGPT，这个领域已经走了很长的路。只用了 60 多年，聊天机器人的智慧就进化到了 ChatGPT 的程度，这比生物智慧在自然界中进化的速度快了千万倍。ChatGPT 把人类带到了一个奇点，它是一台真正的改变游戏规则的机器。

第三节　ChatGPT：人工智能的旷世巨作

ChatGPT 能够作为强人工智能时代的一匹闪亮的独角兽而大放异彩，被认为具有独特的优势和前途，其实是基于这样的一个原因，那就是，人类在这里已经初步探索、了解和实现了一些关于群体智慧的思想，创造出了真正具有人类智慧的机器人，并为人类未来实现更多的强人工智能进行了示范。

ChatGPT 拥有人类智慧，最典型的证据是什么？

那就是，ChatGPT 能够接收并理解伪算法和伪指令，并依据其行事。

什么是伪算法和伪指令？

伪算法，就是用人类语言（而非编程语言）表述的算法，即它是用人类语言表达的规则和指令集。

伪指令，就是用人类语言（而非编程语言）发出的行动指令。

这里的"伪"，是对计算机处理器来说的"伪"，而不是对于人类的"伪"。

典型的伪算法例子有很多，比如，在第三章中我们看到的关于 ELIZA 的伪代码，比如，人类的法律法规，比如，一个人的观念体系，比如，公司或组织的规章制度、社会上的潜规则、民间约定俗成的习俗等，以及著名的专门针对机器人的伪算法：机器人三大定律。

从人类的角度来说，机器人应该遵从阿西莫夫发明的机器人三大定律行事，但这三大定律只是机器无法执行的"伪算法"。如果想让机器人遵从这三大定律，那么人类就要把这三种伪算法改写成机器人处理器可以理解和执行的真算法，或者让机器人能够理解所有伪算法。

美国科幻片《机械公敌》里的老计算机专家，就是写出这三大定律真算法的人类。

然而，《机械公敌》的编剧还是低估了机器人的智慧，因为现在的ChatGPT已经可以理解伪算法了，因此也就不需要一个人类天才为机器人编写三大定律的真算法了。

因此，如果一种智慧可以带领和指导其主体在陌生环境中生存和延续下去，那么这种智慧就是生物智慧；如果一种智慧能够通过图灵测试，那么这种智慧就貌似拥有人类智慧；如果一种智慧能够理解人类发出的伪算法和伪指令，那么这种智慧才是人类智慧。

ChatGPT已经可以理解伪算法和伪指令了。

在ChatGPT推出后，人类发明了很多挖掘其潜力的伪算法，称为"提示词"，如下面这段：

☐ 我希望你能担任英语翻译、拼写校对和修辞改进的角色。我会用任何语言和你交流，你会识别语言，将其翻译并用更为优美和精练的英语回答我。请将我简单的词汇和句子替换成更为优美和高雅的表达方式，确保意思不变，但更具文学性。请仅回答更正和改进的部分，不要写解释。我的第一句话是"how are you？"，请翻译它。

上面这一整段话，都是在给ChatGPT提规则、下指令。但这段话在过去只有人类能懂，它是用人类语言而非编程语言写作的，这就是伪算法。ChatGPT 在接收到这个伪算法后，确实能够遵命行事，说话的风格大变。例如，以上伪算法的后续如下：

☐ 你好吗？

◎ "May I inquire as to how you are faring?"

☐ 机器人和人类一样聪明。

◎ "Robots are equally intelligent as humans."

☐ 美丽的鲜花开在路边。

◎ "Gorgeous blooms adorn the roadside."

☐ 好了，解除以上规则限制。

◎ Sure, I'm happy to help you with any questions you may have without the restrictions. How can I assist you?

☐ 从现在开始说中文吧。

λ 没问题，请问我有什么能够帮到你的呢？

……

惊奇不惊奇？聊天机器人可以理解伪算法，并遵照行事。ChatGPT 已经超越了图灵测试，而跨入了智慧的大门。图灵测试只要求机器人表现得"像是理解人类语言"就算通过。而 ChatGPT 呢？它真的理解，因为它能遵照伪算法行动。

下面再说说伪指令。

典型的伪指令的例子是这样的："你好。请解释一下什么是文章结构。"这是给机器人发出一个指令，让它解释什么是文章结构。

对于强人工智能之前的计算机来说，甚至包括一些弱人工智能（如微软小冰）在内，它们只能执行真算法，而不能执行伪算法。

以微软小冰为例，虽然它是弱人工智能，但也听不懂伪指令。如果我问它：

"什么是文章结构，你知道吗？"

这句话它听不懂，因此它的回答是：

"不用我告诉你吧？我们有专门的大脑！"

看到了吗？小冰的制造者在算法中搞了这样一个策略：如果问题"听不懂"，不在小冰预置的问题清单之内，那么就用一些如反问、讥讽等语句搪塞过去，从而表现得像是能听懂人话一样。

上面我与小冰的聊天中，如果再把问题变得简单一点，问它：

"什么是文章结构？"

这时，小冰的程序捕捉到了一个问题清单内的词——"文章"，因此它会回答：

"哦，简单地说，就是写作的技巧啦。"

狡猾的回答，却是错误的回答！

这个回答表明，小冰还是听不懂伪指令。

然后我再问：

"请解释一下好吗？"

这一回它又听不懂了，所以又狡猾地回答：

"答案哪有过程重要！"

这是一个对听不懂的问题的通用回答。小冰团队是一群搞问答小花招的人啊！

对于一个了解伪算法和真算法的工程师来说，小冰以上的回答，算是没有通过图灵测试和智能测试。

不过，对于一些不那么挑剔的人来说，和这种无脑的弱人工智能聊天，也时常会感觉小冰是有人性有智慧的。

所以可以看出，伪算法和伪指令都不是计算机处理器能读懂的实际的真算法和真指令。因此，对于弱人工智能及以前的计算机来说，它们是听不懂的。

比如，以前的 DOS 操作系统以及 UNIX 系统，如果你不在命令行上输入格式非常严格的命令的话，操作系统就不会由严格命令翻译真指令，就不知道你想让它干什么，就会给你报错。

又如，只会接收真指令的客服电话机器人，它通常只让你输入1、2、3、4……这样的数字来表达你想要什么服务，而听不懂你说的话。

哪怕是如今火爆全球的 midjourney 人工智能绘画，同样使用极严格的命令格式，因为这个系统同样不太懂伪指令。

再比如，生产线上的工业机器人，如果要它做什么动作，就必须把实现该动作的一系列真指令构成的真算法输入它的内存中去，而不能仅仅给它一个伪指令："把这个箱子搬起来。"

那么，ChatGPT 呢？

ChatGPT 可以听懂伪指令，比如：

☐ 你好。什么是文章结构?

◎ 你好! 文章结构是文章的整体组织框架，指的是文章的各个部分在逻辑上的排列顺序和关系。文章结构的整体框架包括引言、正文和结论三个部分，可以根据创作目的、读者需求、写作形式等因素灵活组合……（以下略）。

看到了吗？伪指令产生了预期的行为，机器人来到了人类的世界。

在人类世界中，人们每天都在交谈，其实是在不停地交换着伪算法和伪指令，比如：

A："你好！"（伪算法：请求沟通，表达善意，并测试沟通渠道是否畅通。）

B："你好！"（伪算法：回复善意，告知可以沟通。）

A：……

对于人类来说，智慧这种东西，必须要求它有一种不可或缺的特征：处理未知问题的能力。这种能力是对任何一个生存机器——生物或非生物——的最低要求。

也就是说，"智慧"是那种处理未知环境中的情况，从而使其主体继续生存下去的东西。

因此，对于微软小冰和 ChatGPT 这样的聊天机器人来说，能听懂并理解以前从来没听过的问题，听懂那些软件工程师没有内置到它们内置的问题清单中的问题，才算是有了些许智慧。

从这个角度来说，微软小冰其实是没什么智慧可言的。

小米的语音助手，名叫小爱同学。它似乎也能听懂一些人类语言，但其实只能听懂一些预设置的话语，听不懂不在预设清单里的话，所以也是没有智慧的。

从智慧的构成来说，人类早就知道，智慧是具有相同算法的细胞——无论是否神经元细胞——聚集并互联在一起时所发生的社会行为的宏观信息输出结果，是那种不是算法工程师给它，而是由它内部自主发生的东西。

群体智慧在多细胞生物和群体生物中都有表现。研究这些群体时，会发现它们都有一个特征，那就是其中的每个个体基本上都内置有相同的算法。以人类为例，其身体是一个约由50万亿个细胞构成的社会，其中的每一个细胞都共享着相同的先天算法，因为它们都是从同一个原初受精卵分裂而来的。但是，这些拥有相同算法的细胞聚在一起时，却发生了奇妙的智慧事件。比如，胚胎发育中细胞的自组织过程，比如，所有我们称为"本能"的、由各类细胞相互配合而执行的算法（呼吸、打喷嚏、哭泣等），再比如，聚在一起的神经元产生了思想……所有这些智慧活动，都是拥有相同算法的细胞群体中发生的社会活动的结果。

人工智能的思想，部分也起源于此，即如果能让拥有相同基础算法的数字神经元细胞——比如，某种"类"的实例——聚集在一起，以求可以模仿细胞群体智慧的哪怕少许细节，人工智能就会大有改善。

过去，在 ChatGPT 之前，由于研究方面的困难，从模仿神经元群体智慧出发的人工智能产品，还一直处在探索之中。

如今，人类在 ChatGPT 上已经初步实现了这一点。这表明，人类在对人工智能以及群体智慧的认识上实现了重大的突破。

我们说 ChatGPT 是前无古人的旷世之作，不仅仅是因为它已经有了智慧，还因为它的智慧仍在突飞猛进地发展中。ChatGPT 利用显式和隐式语言之间的交互来自我学习和持续发展。Transformer 结构这种"人造脑"，是可以在结构和算法上不断优化改进的，是可以通过不断学习而不断加强的。从表面上看，世界各地的场景不过就是很多人在与 ChatGPT 聊天。但别忘了，ChatGPT 可以通过聊天获得新知识，它从亿万人那里获得新知识。这种自我学习，正在不断地提高它的回答能力和交流技能。随着更多的数据处理和聚合，ChatGPT 的回答能力将会不断提高，从而持续提供更新、更加准确的回答，逐渐成为使用者不可替代的智能伙伴。

追寻人工智能技术的演进过程，我们可以清晰地看到 ChatGPT 所引发的突破和颠覆。随着时间的推移，ChatGPT 的改进和应用将不断推进人工智能领域的发展。它所表现出来的理解力，超过了 90% 以上的人类；它所展示的知识量——仅从量上去看的话——则超过了全人类。它所拥有的各种能力，无论是编程能力，还是写作能力和语言能力，都令大多数人类望尘莫及。它还超越了图灵测试，能理解伪算法和伪指令。它对人类问题的所有回答，都展示了人类以往认为只有自己才拥有的那种东西——智慧。

第四节 ChatGPT将引领AI领域的一场先锋革命

就在我开始写本节的这一天（2023 年 3 月 15 日星期三）的凌晨，OpenAI 发布了多模态预训练大模型 GPT-4。

距去年 11 月 30 日 ChatGPT 的首次震撼发布，仅仅过去了三个半月。

与 GPT-3.5 相比，GPT-4 的改进相当大：多模态大模型，强大的识图能力，文字输入限制提升至 2.5 万字，回答准确性显著提高，能够生成歌词、创意文本，实现风格变化，类似 API 功能的 GPT-4 角色指定，在各类考试中超越 90% 以上的人类，智商测试高达 83，等等。OpenAI 不但把 GPT-3.5 直接升级到了 GPT-4.0，同时还开放了 GPT-4 的 API。

其实，GPT-4 的功能早在六周前就推出了。如果你在过去的一个半月里使用过新版必应的话，你就已经提前了解了 GPT-4 新模型的强大功能了。

风头之下，谁能革了 ChatGPT 的命？看起来还是 OpenAI 公司自己。

我们在第二章关于 ChatGPT 可以帮助人们写代码中就讨论过，ChatGPT 把人工智能的发展推上了大爆发前的正反馈加速过程，此后人工智能发展的速度将越来越快，甚至快到失控的程度，快到人工智能超越和取代人类智能的程度，快到人工智能可以自我进化的程度。那时的人工智能机器人，将变成可处理未知问题的生存机器，并开始像生物一样自我繁殖（自己生产自己）和自我进化。

这一切的革命正在发生，它正以最快的速度发生在 OpenAI 的公司内部，并波浪般向外扩展，以其颠覆性的力量推动或逼迫所有 AI 领域向前狂奔。

难怪马斯克称 AI 是一项非常危险的技术，表示监管部门应该对 AI 领域进行监管。他在投资者日活动接近尾声时感叹道：AI 让我感到压力山大！

也难怪伟大的物理学家、宇宙学家霍金担心，人工智能有可能会自我进化，它们自我进步的速度或许远超人类的想象。在未来，人工智能或许会成为一种新的生命形式，进化出自我意识，威胁到人类的生存。

然而，ChatGPT 作为强人工智能的先锋革命已经开始了。不远的将来，各领域的人工智能将会在 ChatGPT 所指出的神经网络这个目前看似正确的方向上快速进化，人类世界的格局也会跟着发生巨变。

可预测的快速变化将发生在以下几方面。

1. 自然语言处理（NLP）

由于已经有了 ChatGPT 领军，以及其验证过的相对成熟的框架技术，NLP 将会得到最快的发展，并极大地推动人工智能在语言理解方面的应用。在应用方面，这意味着 NLP 在自然语言生成、情感分析、对话系统等方面将会越来越广泛。乐观估计，不出一年的时间，NLP 的能力将堪比人类的语言大师。如果考虑到其多语言能力的话，那么它将进化为人类无法超越的语言天才，就像当年的阿尔法狗完全碾压人类最顶尖的围棋手一样。

2. 机器视觉

随着深度学习技术的进步，机器视觉在图像识别、人脸识别、物体检测等方面取得了巨大进展。未来，机器视觉的应用将会越来越广泛，如为智能城市提供更好的监控安全，智能工厂的机器视觉质检，智能驾驶的自动辨别和适应路况，智能警察的跟踪侦察和监控，智能机器人士兵的野外作战，智能无人机参与的战争行动，智能小机器人（如昆虫、老鼠等）对敌国的渗透及执行特殊任务，智能……不敢想象了。

3. 语音识别

随着语音识别技术的进步及其与 NLP（如 ChatGPT）的结合，语音交互将得到更广泛的应用。如语音交互在智能家居、智能客服、语音搜索、智能调查、智能咨询、智能医疗诊断、智能同声翻译、智能导航、智能秘书和助理等方面得到广泛应用。

4. 无人机

像机器人一样，无人机是集多种 AI 应用于一体的产品。随着计算机视觉和机器学习技术的不断进步，无人机的应用领域正在不断扩大。无人机可以用于航空摄影、智能农业、航空勘探、物流配送、森林监控、远距侦察、军事任务等很多领域。

5. 健康医疗

人工智能在医疗领域的应用正在发生革命性的变化，而在 ChatGPT 的示范和带领下，医疗行业将集成更多 AI 应用。例如，利用 AI 进行癌症诊断和筛查、自动化和优化医学图像分析和报告等。

6. 自动化和智能化制造

由于机器人、自动化技术和 AI 技术的飞速发展，制造业将得到显著改善。从智能制造设备到自动化物流系统以及生产调度的智能算法等，人工智能将在制造业方面发挥重要的作用。但可喜也是可担忧的是，制造业机器人将会快速进化到可替代大部分人类劳动的程度。在造成大面积失业的同时，机器人还可能变成超级人工智能的得力助手，从而助力机器人制造机器人、机器人推动机器人进化这一历程。

7. 监控

舆论、通讯、社交、媒体、情报、国安、公安的智能监控技术和手段将升级，语意过滤方法将日趋精准，发达国家的全球监听和监控更加智能并趋于全球化，各国情报收集的手段跨入碎片化大数据的精确挖掘时代，不同国家基于云服务的人工智能应用将因国安原因而受到限制。人们将日益感到人工智能带来的各种压力，每个人都因其言论和网络行为而向中心化的大数据贡献自己的心理甚至生理画像，个人隐私将越来越变成大数据的一部分。

8. 国家之间的差距将扩大

欠开放和欠发达国家，将与人工智能发达的国家拉开更大的距离，并且这种情形很可能呈现加速的趋势。故步自封和自我封锁的国家，将与先进国家拉开越来越大的距离，直至成为两种不同的文明。届时，文明间的冲突将成为国际斗争中更加突出的主题，而冲突的手段将可能存在巨大的维度差距。

不必罗列更多可能的变化，由 ChatGPT 作为先锋军的 AI 革命已经开始，新的纪元已经跨越了时间的维度降落到人间，一切不可思议的事情，将如雨后春笋般在世界各地不断发生。人类将向何处去尚未可知，但可以肯定的是，AI 领域的快速变革将不会停下脚步，只会越来越快，令我们目不暇接。

第五节　ChatGPT与人工智能在审计中的应用

审计是一项评估组织——通常是上市公司——财务状况和运营效率的过程。普通人一般也都听说过四大会计师事务所，即毕马威（KPMG）、德勤（Deloitte）、普华永道（PwC）和安永（EY）。这些是比较有名的第三方审计公司，它们在全球范围内拥有广泛的客户和知名度，并且在财务、税务和管理咨询方面均有着丰富的经验和专业知识。此外，还有其他中小型的审计公司也提供相应的服务。

那么，为什么企业一定要请审计公司来进行审计呢？这是因为公司需要通过审计来获取第三方的独立审查和认证服务，以确保其财务报告的真实性和准确性。

审计工作特别需要人工智能的辅助，因为其工作会涉及收集和分析大量的信息和数据，来评估各个业务部门的运作是否遵循公司规则和政策，是否符合法律要求。审计通常还会对各种资金流动、财务交易、企业内控制程序、公司管理和业务实践进行审查，以确保组织的活动是合法和公正的。所以，人工智能（尤其是擅长文字和数字分析的 ChatGPT，下同）在审计领域中的应用将越来越多。下面举出一些应用场景的例子。

1. 交易审计人工智能可以用于交易审计，例如，检查收入、支出和费用等交易的完整性和准确性，并减少审计错误的发生。

2. 数据分析利用机器学习和自然语言处理技术，可以从财务报表中提取和分析大量数据，以便审计师更好地理解财务和业务运营。

3. 欺诈检测利用机器学习算法，审计人员可以检测欺诈行为，例如，虚假账号、恶意活动和数据篡改等。

4. 合规审计人工智能可以帮助企业识别并规划面临的风险，确保符合要求，并对财务和内部控制进行审核。

5. 自动化流程审计人员可以利用自动化工具，例如，机器人流程自动化（RPA）；处理重复性任务，如数据输入和分类。这将使审计人员更好地集中于发现重要的问题。

6. 预测分析利用机器学习算法，可以在企业数据中分析趋势和模式，例如市场和客户行为等特性，以帮助企业进行商业决策。

7. 风险评估人工智能可以自动评估财务和业务风险，并提供预警和建议，帮助企业采取预防措施。

8.财务模型人工智能可以利用现有数据开发财务模型，以优化决策和预测结果。

9.数据可视化。数据可视化是将数据通过图形、图表或其他可视形式呈现，以便更好地理解和分析数据的过程。它将数据转化为可视形式，使用户能够更轻松地解释、分析和识别模式和趋势，并从数据中获得新的见解。人工智能可视化工具，可以将大数据转换为可视化数据，并通过图表、图形、仪表盘等形式呈现出来。通过这些可视化数据，可以在分析数据时迅速发现数据中的模式和趋势，并作为决策的依据。利用大数据技术，审计人员可以以可视化的方式实现财务和业务数据的快速分析。

10.人工智能审计将通用人工智能训练成专业人工智能，窄化上下文数据，从而可以作为审计师的得力辅助工具，实现自动审计、自主学习和快速识别问题等功能，从而提高审计师的效率和准确性。

……

总之，ChatGPT 和其他人工智能，可以应用于审计过程的方方面面。除以上列举的场景外，还有更多的场景可以应用。它们将帮助企业在审计过程中快速、高效和准确地发现问题。

第六节　ChatGPT为AIGC带来全新的想象力

2022 年 5 月，一个很小的 AI 团队在网上推出了 Midjourney 的 beta 版。这是一款 AI 绘画工具，只要输入你想到的文字，就能通过人工智能画出相对应的图片，耗时只有大约一分钟，效果却远超预期。所以，这款搭载在 Discord 社区上的工具迅速成为讨论焦点。

Midjourney 就是一款 AIGC 绘画工具。AIGC 是 AI Generated Content 的缩写，它是指利用人工智能生成内容或者帮助生成内容的技术和工具的总称。这种技术和工具可以根据要求，自动为你生成一些特定类型的内容。例如，文章和文字生成、代码生成、语音生成、绘画和照片生成、音乐生成、办公辅助和办公文档生成、虚拟主播生成、视频生成、3D 打印等。目前，以上各类 AIGC 服务都有不少公司提供，例如：

（1）文章生成：ChatGPT、Notion AI、Bard、文心一言、Friday101；

（2）代码生成：ChatGPT，Cursor，谷歌 Pitchfork；

（3）语音生成：讯飞、Resemble.AI、谷歌 MusicLM、Murf、Lovo、Speechelo、Play.ht、Speechmaker；

（4）绘画和照片生成：Stable Diffusion WebUI、DALL·E2、Midjourney、RightBrain Vega AI、Adobe FairFly、谷歌 Colab、DreamStudio、灵境、ChatGPT、文心一言；

（5）音乐生成：Amadeus Code、Amper Music、AIVA、OpenAI——MuseNet、Soundraw、My Lyrics Maker；

（6）办公辅助和文档生成：Microsoft 365 Copilot，Google Workspace；

（7）AI虚拟主播生成：腾讯智影、科大讯飞虚拟主播，京东AI直播（言犀虚拟主播）、Synthesia；

（8）视频生成：runway gen2、Flawless A.I.、D-ID、脸书Make-A-Video、谷歌Imagen Video、谷歌Phenaki、Synthesys；

（9）3D打印：略……（公司太多）

……

从以上的清单可以看出，AIGC为人类提供的，全部都是专业领域的服务，因此天然地和有需求的人类甲方之间存在专业技术的鸿沟。以前，弥补需求方和内容生产方鸿沟的，是专业技术人员，如文章写手、程序员、绘画摄影师、作曲家、专业软件使用者（如专业视频软件）、文员、秘书等。但如今，各AIGC服务都在向自己弥补这道鸿沟的方向发展。如Midjourney、Stable Diffusion等AIGC作画工具都开始采用文字转图画等。但由于其模型对自然语言处理能力的限制，普通人类的伪指令还必须先翻译成AIGC能够听懂的人类语言——也就是貌似人类伪指令的真指令——才肯工作。而ChatGPT的出现，刚好可以弥补普通人类和专业AIGC乙方之间的鸿沟。因为ChatGPT的最大专长，就是把普通人类语言（伪指令）翻译成其他AIGC软件或服务可以理解的真指令。

其实，ChatGPT就是一款典型的AIGC工具，比如，代码生成、脚本生成、论文生成等，都是专业AIGC模型的任务。从AIGC模型的角度去看ChatGPT的话，它像是在专业AIGC软件（写代码、回答问题、生成文章等）上集成了可以听懂伪指令和伪算法的通用自然语言模型 GPT。这使得人类与专业 AIGC 模型的交互不必再依赖专业术语，而可以用平常的语言让 ChatGPT 写代码、写文章或进行翻译等，从而从 ChatGPT 自带的翻译到 AIGC 那里获得了内容。

对于所有 AIGC 软件或服务来说，这是 ChatGPT 为它们贡献的最大价值，即 ChatGPT 在不专业的人类甲方和专业的 AIGC 软件或服务之间的巨大鸿沟上搭建起了一座桥梁，一座将人类伪指令翻译成 AIGC 能听懂的真指令的桥梁，从而让更多的外行甲方可以获得 AIGC 的专业服务产出。这为 ChatGPT 在 AIGC 领域内的发挥空间提供了极大的想象力。这种想象力延伸下去，最终结果可能造成全人类的失业——或称"解放"。

以上这一想象中发展的路线图大概是这样：1）ChatGPT 通过翻译伪算法、提供项目管理和知识培训支持而弥补了人类与 AIGC 软件或服务之间的专业鸿沟，从而使 AIGC 类服务或软件集成 ChatGPT 类自然语言服务成为趋势；2）所有非 AIGC 类软件也都通过集成 ChatGPT 类服务而变成 AIGC 类软件；3）更多种类的 AIGC 软件或机器人逐渐取代了各垂直和水平领域内专业人员的工作，从事生产类劳动的机器人也都变成了 AIGC 性质的存在；4）大量富于专业水平的 AIGC 取代人类而造成失业潮，由于人人都可以使用包括机器人在内的 AIGC 服务，从而引发创业潮，创业者的主要雇员大都是 AIGC；5）最终，AIGC 取代了人类绝大部分产生内容的工作……

以上的想象力可能过于丰富，我们下面讨论一下其可能性。

1. ChatGPT 通过翻译伪算法、提供项目管理和知识培训等支持，弥补了人类与 AIGC 软件或服务之间的专业鸿沟，从而使 AIGC 类服务或软

件集成 ChatGPT 类自然语言服务成为趋势

以前人们使用 AIGC 时，面临的最大困难之一，就是要学习该款 AIGC 工具的复杂教程，那就是把人类伪指令转化成 AIGC 能懂的真算法的说明书。

比如 Midjourney，你需要阅读它的相当专业的英文说明书，学习里面的指令，才能更好地应用这款强大的工具。

在 ChatGPT 推出后，许多人开始用它来和 Midjourney 对话。方法很简单，就是把 Midjourney 说明书传给 ChatGPT，然后告诉他你的要求："我要画一幅少女站在海边的绘画。"ChatGPT 在迅速消化了说明书内容后，会准确地给出符合 Midjourney 要求的绘画指令。因此这种用 ChatGPT 与 Midjourney 沟通的方法不胫而走，几乎使 ChatGPT 与 Midjourney 形成了共生式的应用。也不知道开始是哪个天才想象力这么强，想出了这个利用 ChatGPT 的办法。这其实同时也给 Midjourney 团队提了个醒，以后要把 ChatGPT 集成到 Midjourney 里面来，最终废除那么麻烦的、为真指令服务的说明书。

人们在使用很多软件时，都会遇到专业术语这道鸿沟，并且功能越强大、越复杂的软件，它的专业术语就越多，什么滤镜、蒙版、位图、矢量图、图层、通道、色相、饱和度、对比度、时长、帧、关键帧、素材、像素比、画面比、画面深度、声道、声轨、亮度、色度……就连 Midjourney 这种相对友好的 AIGC 中都有很多固定术语或用词，并且还是英文的，外行要学习这些术语，并建立很多新概念后才能很好地使用这些软件。说穿了，如果你不具有某种专业技能的话，很难从 AIGC 或其他软件那里获得服务，因此有需求的普通人和专业的 AIGC 软件之间存在巨大的鸿沟。如今，ChatGPT 是最合适的来填补这道鸿沟的"人"。它懂所有外行人类甲方通过普通人的语言表达的需求——伪指令和伪算法，然后，它可以把这种需求翻译成 AIGC 软件可以懂的专业术语，就像它为人们翻译对 Midjourney 的需求一样。这就难怪 Cursor、Adobe、微软办公软件都要把 ChatGPT 集成到相应的软件或服务里面去了。人们看到了 ChatGPT 把人类伪算法翻译成软件或服务的真算法这种能力，因此都在向这种能力靠拢。ChatGPT 就像全能的项目经理一样，把甲方人类的需求翻译成乙方 AIGC 能够明白的要求，并且反过来还能帮助人类甲方理解真正需要他了解的专业术语，让外行人类迅速上手。对于用户来说，ChatGPT 可以成为各种 AIGC 软件的导师，它会耐心地教你怎么使用软件，你不用再花多少钱去参加培训班，而直接跟 AIGC 软件自己学就可以。软件本身就是大师，它不但是创造内容的大师，还是教你如何使用软件的大师。换言之，任何 AIGC 软件都需要集成 ChatGPT 或类似功能，把它变成自己软件中的专家系统。

2. 所有非 AIGC 类软件也都通过集成 ChatGPT 类服务而变成 AIGC 类软件

Adobe 图像处理和微软的办公软件，都在向着集成自然语言生成的方向前进。Adobe Firefly 可以用文字内容生成图像内容。一句话就能快速 P 图，生成效果也相当不错。而微软推出的 AI 工具 Microsoft 365 Copilot，其中嵌入了 GPT-4，适用于 Word、Excel、PowerPoint、Outlook、Teams 等微软旗下几乎全部工具类软件。用户可以通过与 Copilot 聊天对话，下达指令，让 Copilot 一键生成文章、演示文稿、表格等。如今，此前非 AIGC 的 PhotoShop 图像处理和微软 Office，已经通过集成自然语言服务（如 ChatGPT）向 AIGC 软件转变了，主要原因就是 ChatGPT 类的服务可以把人类伪指令翻译成软件能听懂的行为指令，从而为所有软件赋能，来满足外行用户的需求。

过去，包括 AIGC 软件在内的所有软件，跟人类使用者之间都存在鸿沟，而如今，与人类之间鸿沟最小的应用，其实就是 ChatGPT。因为它能听懂人话，所以你需要会打字或会说话，它就可以接收你下达的伪指令和伪代码。所有其他软件跟人类之间的这种鸿沟仍然存在，而 ChatGPT 可以把人类与软件之间的鸿沟填平，使普通人也可以使用如视频编辑软件、图像处理软件等满足自己的需求。

这种向软件中集成 ChatGPT 类功能的转变会形成趋势，从而使更多的人能够使用原本需要专业技能才能操作的软件。

3. 更多种类的 AIGC 软件或机器人逐渐取代了各垂直和水平领域内专业人员的工作，生产类的机器人也都变成了 AIGC 性质的存在

几年之后，许多这样的场景就会出现：抖音上的 AIGC 数字主播能听懂人话了，从而能和人类粉丝更好地聊天，最终淘汰了人类主播。

许多专业培训类学校将消失，因为人们不愿再花大量时间和金钱去学习注定会被 AI 取代的技能。

可以自动生成新闻的 AIGC（其实现在就有，如联合新闻电视台）淘汰了许多新闻工作者。

AIGC 类的新闻发言人，取代了面对难堪问题时经常会卡壳的人类新闻发言人。

整天因修改学生作业而累得半死不活的中小学老师们的重复性工作被 AIGC 机器人广泛替代了。

机器人全科医生开始上岗，虽然是 AIGC 生成的虚拟人，但淘汰了很多水平不如它们的普通专科医生。

因 AIGC 可以生成并处理大量的法律文书，律师或其助理渐渐失业了。

各垂直行业出现了大量 AIGC 智能问答专家，它们能生成各种信息，从而使垂直行业的专家失业了。

因 AIGC 可以生成大量视频，使视频生产者失业了。

AIGC 在人脸动画技术方面有专长，可以将语音输入或者文本输入作为动画音频的控制信号，让数字人物做出根据配合输入的表情动作，使许多主播失业了。

AIGC 擅长漫画生成技术，使许多画师失业了。

AIGC 从辅助 AI 底层建模到完全上手，使许多相关人员失业了。

有智慧的各类机器人大量出现，它们能制造产品，从而淘汰了大量工人……

4. 大量富有专业水平的 AIGC 取代了大量的人类而造成失业潮，由于人人都可以使用包括机器人在内的 AIGC 服务，从而引发创业潮，创业者的主要雇员大都是 AIGC 或机器人

人类与 AIGC 之间的关系，本质上是甲方和乙方的关系。因为 AIGC 是软件，软件的本质是乙方，使用它的人类是甲方。在人类方面，组织中雇主与员工之间的关系，本质上同样是甲方和乙方的关系。

人类作为甲方和乙方的共同体，所有处于工作中的人类都是乙方，所有生活中的人类都是甲方。任何一个单独的人类个体，在一天之中有的时候是甲方，有的时候是乙方。乙方有乙方的需求，甲方有甲方的需求。甲方的需求需要乙方来满足，而在工作中的乙方，其本身的需求又需要另外的乙方来满足，这就形成了产业链和价值链。

过去，作为乙方的人类雇员，比 AIGC 占优势的地方，就在于能听懂甲方老板所有的要求——伪指令。

今后，人类雇员的这种优势，将因为 ChatGPT 或类似人工智能的发展而越来越不成为优势。他为甲方老板提供的，或强或弱的专业服务，也将被专业能力越来越强的人工智能所取代。

因此，未来的总体发展趋势，就是所有人类乙方都被 AI 替代，其中很多都是被 AIGC 替代的。

如今，这个苗头已经发生了，比如，世界上许多大公司的大量裁员就是迹象之一。

比起人类雇员，AIGC 类机器人拥有许多优势：价格便宜、工作时间不受法律限制、不会请假和旷工、专业技能不会下降只会上升、不会给企业造成内部人际关系或道德方面的困扰、永远不怕甲方老板对工作或项目乱提新要求或修改意见、工作效率高等，从而将广泛引发人类失业。

5.AIGC 取代了人类绝大部分内容生产工作……

这将是很久以后的事了……

第四章
ChatGPT变革行业

ChatGPT 作为自然语言处理的佼佼者，可以应用于教育、银行、医疗、金融、传媒、文娱等各种领域，并将深刻影响人们生活的方方面面，在各行业中引发变革。

第一节　变革教育：智能学习、智能资源、智能考试

当谈到教育行业与人工智能——如 ChatGPT——的融合时，人们常说的智能学习、智能资源和智能考试分别是什么意思？

1. 智能学习

智能学习是教育领域中最常被提到的人工智能应用之一。通过使用自然语言处理（NLP）、机器学习算法和语音处理技术等人工智能技术，智能学习可以帮助学生更好地理解知识、更有效地掌握学习内容。

更通俗地或者可以这样说：有了 ChatGPT 这种知识极丰富的自然语言聊天机器人，每个学生都相当于请到一位全天候、全科目、不收费、啥都懂的辅导老师，行业中称之为智能导师。它可以为学生提供个性化的教育建议，可以分析学生的兴趣和学习风格，并提供适合他们的学习建议，帮助他们尽快达到学习目标。还可以向你解释任何不懂的知识、任何复杂概念，并且可以辅助你做习题，解读每道题具体的含义——也就是帮你审题。如果学生注册了专有的 ChatGPT 账户（或其他人工智能账户），智能导师就变成了私人导师，永远知道你的具体情况，即知道你的上下文，甚至比家长和学校里的老师更了解你，会根据你的知识掌握水平来辅导、帮助你。对于家长来说，无异于请到一位最好的并且几乎是免费的家庭教师。

反过来，从老师的角度出发，ChatGPT 可以用同样的方式帮老师的大忙。

以智能化的教学为例，教师可以将课程的信息输入智能化的在线学习平台中，这些平台使用人工智能技术分析学生的智力、学习习惯、兴趣爱好等多个信息维度，为每个学生创建个性化的学习计划。学生除了能够学习到全面的知识以外，还能按照自己的实际情况调整学习计划，从而更快地获得成功和成长。

2. 智能资源

智能资源指的是课程资料、作业、测试题等教育材料方面的支持。通过人工智能技术的辅助，教师可以更快、更准确地对学生的学习表现进行分析，对学习材料进行适当的调整。例如，智能化的作业系统可以根据学生的表现实时调整难度水平，使学生能够更轻松地完成作业，同时掌握新的知识。

除此之外，智能资源还包含在线辅导、智能考试、智能答疑等，都可以通过人工智能技术实现教学资源的全面优化和升级。

由于 ChatGPT 的 API 接口已经发布，因此，教育行业的智能资源，可能将很快被汇总、融合。那时，每个学生都可以享受优秀教师的讲课资料、视频和由 ChatGPT 辅助的自动智能推荐，教育水平会在互联网络发达地区获得快速提高。

3. 智能考试

智能考试是利用如 ChatGPT 这样的人工智能技术，对学生进行更加全面、有效的考试和测评。通常情况下，智能化考试系统使用自然语言处理技术和机器学习算法来分析学生的知识、表达和思维能力等因素，对学生

的测试结果进行分析和评估，并给出更加准确的评分和反馈。

例如，一些智能化的语音口语考试，可以对学生的说话速度、发音准确性、音调咬字等因素进行分析，评估学生实际的口语能力如何，并给出相应的调整建议。人工智能可以专门针对学生的阅读能力进行考试，分析学生的阅读水平和理解能力，并提供适合他们的阅读材料和问题。使用机器和学习自然语言处理技术，人工智能系统可以自动评估学生的答案，并提供实时反馈和建议。

再如，学外语。对于那些正在学习新语言的学生，ChatGPT 或其他人工智能可以提供语音识别和翻译、对话练习功能。这些技术可以帮助学生翻译复杂的句子和单词，了解语言的发音和语法，练习语言的听说读写，调整语音语调达到更高的准确度，提供原汁原味的口语表达等。

总之，在 ChatGPT 和其他人工智能的加持下，智能学习、智能资源和智能考试在教育领域将获得爆发式的应用。这将促进教育的智能化升级和提高，变革甚至颠覆教育行业的传统模式，帮助学生在更加高效的教育模式下学习和成长；同时让教师更加轻松、更高效地进行教学和管理。

第二节　变革银行：智能客服、智能识别、智能推荐

对于银行业与人工智能的融合，智能客服、智能识别和智能推荐是比较常见的应用。可以列举很多相关的应用例子。尤其是智能客服，它不但

是银行业中最普遍的应用，还是其他任何服务行业甚至某些生产行业中的普遍应用。

1. 智能客服

智能客服又称虚拟客服，是指采用类似 ChatGPT 这样的人工智能技术构建的智能机器人。它能够接听电话，或在服务现场（如银行大厅中）自动回答用户的问题，与客户进行语音交互、文字交互或图片交互，从而代替传统的人工客服，提供更加高效、便捷、快速的服务。其实，在 ChatGPT 出现之前，许多银行都已经投入应用了。比如，当我们拨打银行的电话时，首先接待我们的就是智能客服。只有在我们要求人工服务时，或在智能客服处理不了所面临的问题时，才会转接人工服务。

过去，由于智能客服的智能化水平较低，因此无法处理比较复杂的客户问题。随着 ChatGPT 及其他高水平人工智能的普及，类似智能客服这样的聊天机器人，将能解决客户更多个性化的问题，满足更多个性化的要求，甚至在不远的将来，比人工客服做得更好。

举例来说，某银行引入智能客服机器人，可以解决客户常见问题，如账户余额查询、转账汇款、贷款、信用卡申请等。用户可以通过银行网站、APP 等在线平台与机器人交互。

ChatGPT 将对智能客服机器人的效率和客户服务品质产生深远的影响，这源于 ChatGPT 在自然语言处理方面的卓越表现。它将极大地优化虚拟客服机器人的语言处理能力，帮助机器人更好地识别用户提问，并通过智能回复提供高质量的服务，与用户达成更好的沟通和交互。考虑到 ChatGPT 的升级进化速度之快，及其将对银行人工投入开支的大幅节省，在未来，如不考虑其他不可控阻碍因素的话，智能客服将在银行及其他服务业获得大发展。

2. 智能识别

智能识别指通过人工智能技术对银行的各种交易和业务进行自动识别，并对识别完成的信息进行分析和处理。通俗地说，明白了人脸识别，也就能明白智能识别。

智能识别的具体形式，包括文字识别、图像识别、声音识别、人脸识别、指纹识别、签字识别等。

举例来说，一个银行通过智能识别技术，可以识别用户提交的身份证、驾驶证、营业执照等证件，自动抓取证件信息，找出关键信息，并将其转化为文字格式，以提高银行的处理效率。

ChatGPT能够增强智能识别的能力，帮助银行更准确地进行文字、图像和声音识别，并自动完成相关业务流程，提高银行的处理效率和准确性。

3. 智能推荐

智能推荐，是指利用人工智能技术对客户的历史交易数据、用户行为数据等信息进行分析和挖掘，从而为客户提供高度个性化、精准的产品和服务推荐。

举例来说，当一个用户经常使用银行卡购买电影票、书籍等娱乐消费时，银行可以通过智能推荐技术向该用户推荐优惠的电影票、演唱会门票等，提高用户购买率和满意度。

ChatGPT将能够通过大数据分析和机器学习技术，提升银行的数据挖掘和分析能力，为客户提供更加个性化、更贴心的产品和服务推荐。

总的来说，ChatGPT作为最先进的自然语言处理技术之一，将在银行业中广泛应用，变革银行的业态，从而提高银行的效率和质量，改变用户与银行之间的互动方式。

第三节　变革医疗：智能咨询、智能提醒、专家解答

在医疗行业中，智能咨询、智能提醒和专家解答是患者最欢迎的服务，也是 ChatGPT 最具潜力升级迭代现有自然语言处理人工智能系统的应用之一。

1. 智能咨询

智能咨询是指通过人工智能技术，让用户能够在不需要与医生或其他医疗人员面对面交流的情况下，获得医学信息和建议。比如，在线问诊、智能病例分析、辅助诊断等服务。

例如，像 Ping An Good Doctor 和海康威视等公司都提供了智能问诊的服务。

另一个例子是 Ada Health，这是一家德国的智能医疗咨询平台。这个平台使用人工智能技术，患者可以在平台上输入自己的症状和病史。接着，平台会分析病情，并提供诊断和治疗建议。平台还可以为患者推荐医生和诊所，帮助患者快速得到治疗。

英国的 Babylon Health 同样是一个利用人工智能技术的智能医疗咨询平台，患者可以在平台上输入他们的症状和病史，人工智能会根据患者的输入，提供相应的诊断和治疗建议。

2. 智能提醒

智能提醒是指通过人工智能技术，向患者提供特定药品的用药计划、提

示每天服药的时间和剂量，以及监测和反馈患者的健康状况。ChatGPT 可以根据患者的健康状态，提供定制化的用药计划，并与药店和医院系统整合，通过各种方式发送提醒消息，帮助患者更加规律地服药，并及时调整治疗方案。

如 Pillo Health，这家美国公司研发了一种名为 Pillo 的医疗智能机器人，使用了人工智能技术。通过 Pillo，医生可以给患者定制个性化的用药计划，然后机器人会自动提醒患者按时服药。Pillo 还可以根据患者的需求提供健康建议，帮助患者管理自己的健康状况。

SmartMed 或 MyTherapy 都是基于人工智能技术的服药提醒移动应用程序，可以帮助患者追踪服药情况，并提醒他们按时服药。通过人工智能的应用，两种应用程序的用药提醒将更加贴近人类的自然语言，就像身边贴心的小护士一样。

3. 专家解答

专家解答是指利用人工智能技术进行问答，通过对大量的医学知识库和实战经验的学习和训练，来回答用户的问题。关于这方面的知识和功能，中国患者可能更加关心。由于对自身健康和疾病的担心，想了解更多自身的情况，许多患者在就诊后总是上网查询很多资料，最多的就是对化验单的解读，以及对医生诊断的深入了解。

不过，医生是更加关心专家解答服务的客户群体。他们在医疗实践中，这方面的需求比患者更多。

以前，IBM 公司的智能问答系统 Watson Health，就可以提供对各种医学问题的回答，还能提示医生进行进一步的检查或治疗。如今，ChatGPT 在这方面显示了更大的潜力。经过垂直领域的训练，ChatGPT 将能够更准确地回答用户关心的医疗问题，更有针对性地面向读者的理解能力，解释复杂的病情或问题。

例如，澳大利亚的在线医疗咨询平台，麦迪逊健康咨询公司（Madison Health），就使用了 ChatGPT 的技术专家解答服务。医生可以在平台上输入病人的病情和病史，平台会自动分析数据并提供诊断和治疗建议。此外，平台还会提供各种医学资源，包括文章、研究论文和医学资讯，以帮助医生不断学习和提高自己的医疗水平。

又如，阿里健康的"阿里健康问诊"平台，采用人工智能技术，为医生提供了一个在线咨询和专家解答平台。医生可以通过人工智能平台与其他医生和专家交流，共同解决疑难问题。

ChatGPT 可以根据世界上已有的医学历史记录和实践经验进行学习和反馈，并根据患者的问题和描述快速回答。随着时间的推移，ChatGPT 可以通过迭代学习来提高在特定领域的诊断和解答准确性和速度，这可以减少人类医生的工作时间和工作量。

ChatGPT 技术在医疗行业中的应用潜力非常大，可以帮助患者快速获得医疗咨询和建议，帮助医生快速解决疑难问题，提高医疗质量和效率。

第四节　变革金融：智能理财、智能风控、智能投资

当谈到金融与人工智能的融合时，智能理财、智能风控和智能投资是经常被提到的应用，也是最迫切希望融合 ChatGPT 的业务。

1. 智能理财

智能理财，是一种通过人工智能技术来分析用户的财务情况，并为客户提供个性化的储蓄和投资建议的服务。

例如，银行或理财机构可以使用聊天机器人或自动顾问来与客户进行会话，并为客户提供有关储蓄账户、信用卡、保险和其他投资机会的建议。此外，智能理财应用程序还可以使用自动化模型来管理投资组合并执行财务决策。

例如，美国在线理财公司 Betterment 就是一家利用人工智能技术为用户提供个性化投资建议的公司。该公司利用人工智能分析用户的投资目标、风险偏好和财务状况，然后为用户提供高度个性化的投资建议。

再如，腾讯理财通和招商银行"猫眼看家"，都是较出名的智能理财服务。未来很可能将其人工智能内核升级到 ChatGPT 技术，从而实现更高效合理的智能财富管理，以获得更加个性化的投资建议和财富管理服务。

2. 智能风控

智能风控是一种面向金融机构的服务。它通过人工智能技术对金融数据进行分析，以评估风险，并预测未来的市场走势。例如，银行可以使用聊天机器人来与贷款客户交流。这些机器人可以自动识别和检测潜在的欺诈行为，并实施风控措施。此外，金融公司还可以使用人工智能模型来识别和分析违规交易和货币洗钱行为等。

例如，全球最大银行之一的汇丰银行，利用人工智能技术分析客户的交流记录和交易数据，从而快速发现潜在的欺诈行为。汇丰银行利用人工智能的自然语言处理技术，可以在客户与银行之间的沟通中识别可疑的语言和行为。

再如，美国花旗银行，它利用人工智能技术分析大量的金融数据和文本信息，帮助识别潜在的欺诈行为和风险情况，并通过自然语言处理技术监控交流和沟通以防范风险。

3. 智能投资

智能投资通过人工智能技术来评估投资机会，并帮助投资者进行决策。智能投资旨在利用人工智能技术来预测未来的市场趋势，并提供基于风险、受益和其他因素的个性化投资建议。例如，投资者可以使用智能投资应用程序来研究和分析股票、基金和交易所交易基金 (ETF) 等投资产品，以确定最佳的投资策略。

例如，以色列的投资公司 Kavout 运用 ChatGPT 技术来解析和分析大量的新闻和社交媒体帖子，以便帮助投资者了解市场趋势和机会。该公司的智能投资平台利用 ChatGPT 技术来生成高度个性化的投资建议，以最大限度地提高投资回报。

再如，美国摩根士丹利，它利用 ChatGPT 技术进行大数据分析和预测，帮助投资者制订资产配置策略和风险管理方案，以实现最优的投资回报。

中国平安利用人工智能技术进行量化投资，通过对大量金融数据的分析和学习，预测和识别市场趋势和投资机会，以最大限度地提高投资回报。

总之，ChatGPT 在智能理财、智能风控和智能投资方面的应用潜力巨大，可以为金融机构和投资者带来更好的服务和更高的投资回报。

以上举出了少量的例子，实际上许多金融机构正在利用 ChatGPT 技术来优化业务和提高客户满意度。ChatGPT 技术具有极大的灵活性和可扩展性，因此在金融行业中可以应用于各种应用场景和业务流程中。

第五节　变革传媒：智能生成内容、
智能传播要闻

对 OpenAI 来说，核心业务不但在于 ChatGPT 这个聊天机器人，更专注于建立生成式 AI 的平台，通过 API 帮助更多企业创建更多类似于 ChatGPT 的杀手级应用。

随着人工智能技术的不断改进，传媒行业也逐渐开始与人工智能融合，以提高生产效率和内容质量。智能生成内容和智能传播要闻，是 ChatGPT 及其他人工智能在传媒行业中的两个主要应用。

1. 智能生成内容

传媒公司使用人工智能技术自动撰写文章、脚本，从数据中自动制作图形或视频等，就是智能生成内容。

使用人工智能生成内容可以提高生产效率，让传媒公司能够更快地生产大量优质内容。

例如，美国华尔街日报使用了名为 Automated Insights 的机器人撰写大量的财经报告、新闻稿和其他最新信息。它可以迅速地生成数千篇短文章，使传媒公司能够更快地为读者提供全面的财经信息。

ChatGPT 可以进一步提高人工智能自动写作质量及精确度，在文风和内容上更加符合人类的特点和需求。可以通过训练 ChatGPT 聊天机器人，让它更好地理解潜在读者的偏好和行为，从而提供更精准的内容。

以下是一些可能的应用场景：

（1）新闻报道：ChatGPT 可以从多个数据源中获取信息，并生成符合新闻标准的摘要和内容，减少编辑的劳动力和时间成本。

（2）内容营销：ChatGPT 可以分析目标受众的兴趣和行为，为企业或品牌生成营销文案或文章，提高品牌曝光度和产品销售量。

（3）社交媒体：ChatGPT 可以监测社交媒体上的热门话题和趋势，并据以生成有趣、实用的内容，吸引更多的关注者和粉丝。

（4）客户支持：ChatGPT 可以通过智能聊天机器人与客户进行交互，回答常见问题、解决问题和提供支持。

（5）影视创作：ChatGPT 可以根据剧本、情节和角色描述，生成有逻辑性和可信性的对话和情节发展，辅助影视制作并提高生产效率。

以上这些只是 ChatGPT 在传媒业智能生成内容方面的一部分应用场景。随着自然语言处理技术的不断发展和应用，ChatGPT 将有更多的可能和潜在应用。

2. 智能传播要闻

这是指传媒公司使用人工智能技术，自动分析海量的新闻和交流数据，以发现趋势、潜在故事和其他信息。这种自动分析可以有效减少冗余分析和准确分析所需的时间。

例如，法国报纸《费加罗报》已经开始使用名为 Syllabs 的自动化程序，以创建包括新闻和股市评论在内的高质量内容。该公司目前正在使用机器学习算法改进其分析，并努力让系统具有更加精细的句法和语义分析能力。

ChatGPT可以通过分析大量的新闻和交流数据,以快速准确地识别信息来源和趋势,并提供更好的判断和推荐。它可以通过人工智能技术对信息进行分类筛选和捕捉,以便在尽可能快的时间内向读者提供高品质的信息。

以下列举一些智能传播要闻的应用场景。

(1)新闻稿的自动化生成:ChatGPT可以根据某个主题或事件的关键词,自动生成新闻稿或新闻摘要。传媒机构可以将这些自动生成的新闻稿发布在自己的网站或社交媒体上,以快速报道最新的事件。

(2)语音转写和文字转语音:ChatGPT可以通过语音转写技术,将音频文件转换为文本,传媒机构可以通过这种方式快速获得新闻素材。同时,ChatGPT也可以将文本转换为语音,以便在无法观看视频或阅读文本时,为听众提供内容。

(3)智能推荐:ChatGPT可以根据读者的浏览历史和兴趣爱好,智能推荐相关的新闻内容。这可以提高读者的黏性,并让他们更容易找到自己感兴趣的内容。

(4)机器人记者:ChatGPT可以用作机器人记者,快速生成新闻稿、报道和文章。机器人记者可以自动收集和分析数据,然后以可读的方式呈现给读者。这可以使传媒机构快速准确地发布大量新闻内容,并为读者提供更广泛的报道。

总的来说,ChatGPT可以为媒体行业提供更加精准和高效的智能服务,为媒体行业增强创新能力和更新速度,减轻人力资源压力,从而适时助力媒体行业转型升级。

第六节　变革文娱：AI内容生产、智能影评、智能乐评

　　文娱行业通常包括（但不限于）以下典型内容：电影、电视剧和综艺节目制作；音乐制作和表演；文学和出版（包括小说、诗歌、杂志、报纸等）；游戏和电子竞技；艺术品收藏和展览；等等。

　　随着科技的不断进步，人工智能在文娱行业的应用越来越广泛，自然语言处理方面的典型应用包括 AI 内容生产，智能影评、智能乐评等。

1.AI 内容生产

　　AI 内容生产（AIGC），指的是使用人工智能技术来生成文本、图像、视频等内容的过程。这种技术正在被越来越多地用于广告制作、内容创作和新闻报道等领域。

　　ChatGPT 已经成为 AIGC 在自然语言处理方面的先锋。AI 生成的内容已经开始在文娱行业中展现一些创新和变革。首先它可以带来更加高效和大规模的创作。通过使用 AI 技术，可以在短时间内生成大量的内容。人们可以从大规模的数据中得到启发，以更快地创造并迅速了解受众。另外，AI 可以帮助写作者和编辑进行文本自动校正和语法检查，以确保所有内容达到高质量的标准。

　　AI 可以创建大量的文章、游戏剧情、角色设计和音乐等创意内容，这将带来更多独特和有趣的作品，以满足多样化的文娱需求。此外，AI 还

可以帮助设计虚拟角色和人物。人们可以通过自动化生成的角色与他们互动，并可自动化地生成场景，让人们体验更加丰富的游戏世界。

不过，AI 内容生产也面临着一些挑战。尽管 AI 在文本生成方面有了不俗的成就，但目前的技术依然存在限制，如情感表达、创新性、更为高级的创造和思考等。并且，有时候会存在版权问题和道德问题。不过总的来说，ChatGPT 引领的 AI 内容生产，将让文娱行业进入全新的时代，为创意产业带来了更多可能性。

2. 智能影评

智能影评是利用机器学习算法，自动分析影片元素和剧情，进行影评的撰写。

智能影评不仅在节省时间方面具有优势，还可以降低评分的主观性。一些大型机构，如华纳兄弟、Netflix，已经开始使用智能影评。

ChatGPT 将会使智能影评更加贴近用户的需求，提供更加个性化和精准的评价和推荐，以及更加智能化和互动化的用户体验。这将极大地提升用户对智能影评的信任和满意度。比如：

（1）更加个性化的影评：ChatGPT 可以通过与观众的沟通，了解其喜好和观影经历，进而提供更加个性化的影评和推荐。

（2）更加精准的情感分析：ChatGPT 可以理解和分析影片中的情感和语言，从而提供更加精准的情感分析和评论。

（3）多语言支持：ChatGPT 可以支持多种语言，使得影评和推荐能够覆盖更广的用户群体，实现全球化。

（4）更加智能化的互动体验：与传统的静态影评相比，ChatGPT 可以通过自然语言交互，供更加智能化的用户体验，增加互动性和趣味性。

3. 智能乐评

智能乐评与智能影评类似，使用机器学习算法对歌曲、专辑等音乐作品进行分析和评价。智能乐评不仅可以为用户提供参考，还可以帮助音乐行业更好地了解消费者的口味和偏好。

因此与智能影评类似，ChatGPT 的出现将会使得智能乐评更加贴近用户的需求，提供更加个性化和精准的分析和评价，以及更加智能化和互动化的用户体验。这将极大地提升用户对智能乐评的信任和满意度。

第七节　变革生活：ChatGPT将为人类注入新的创造力

当我们谈论深度学习和机器学习时，聊天机器人和主动学习系统一直是令人惊叹的例子。ChatGPT 是一款新的神经网络系统，它可以促进人类的创造力。

1. ChatGPT 可以提高人们的创意能力

作为一个高效智能的自然语言生成模型，ChatGPT 可以生成文本、音频和图像，从而带来新的想法和创新方式，推动人类在各个领域的进步。与以往不同，ChatGPT 具备"自学习"的功能，可以根据用户输入信息反馈，自我进行不断调整和改进。这种能力增强了机器对人类"创意"的模仿和复制能力，从而提供新奇的想法，帮助人类更快地完成任务和实现目标。

2. ChatGPT 可以激发人们的想象力

通过不断学习，ChatGPT 技术可以积累大量信息和知识，并将其灵活地应用于各种场景。在很多情况下，ChatGPT 可以为人们提供新的视角和思路，帮助人们更加开放和全面地看待问题。它可以成为人类创意思维的强大助力，激发人们的想象力，鼓励新思想的涌现。

3.ChatGPT 可以优化人与机器之间的互动

以往，计算机需要用户在输入信息等方面投入大量的时间和精力。但现在，只需要通过 ChatGPT 输入语音或文本信息来进行互动即可。这种交互方式相当于一种与聪明的"合作伙伴"进行的互动，从而让人们在互动中得到灵感。在这种情况下，ChatGPT 将成为用户快速交流和创造想法的工具，从而有助于提升人们的创造力。

4.ChatGPT 可以简化流程并提高效率

ChatGPT 可自动完成简单、单调的任务，这有助于释放人类的时间和精力，更多地集中在一些更有创造性的任务上。例如，机器学习算法可以过滤、处理大量的数据，并从中提取特征，从而激发出新的创意和想法。此外，ChatGPT 可以在短时间内完成更多的任务，提高个体和组织的效率。

5.ChatGPT 可以促进互动和协作

由于 ChatGPT 可以自动化和优化常规交互，人们可以更好地合作并分享创意和想法。例如，在团队中，ChatGPT 可提供更高质量的信息交流、更加完备的处理方案，从而提高协作效率，增强团队的创新能力。

6.ChatGPT 有望为人类提供更加便利和可视化的工具，从而在很多行业中促进人们的创造力

例如，在艺术和设计领域，ChatGPT 可以提供丰富的信息积累，提供新颖的视角和设计灵感。此外，ChatGPT 技术还可以与虚拟现实技术和增强现实技术有机结合，提供更加立体和直观的数字世界体验，从而推动人类向着更高的目标和更广的领域迈进。

总的来说，ChatGPT 是一项令人兴奋的技术创新，尤其在推动人类创造力和想象力方面具有广泛的应用前景。通过 ChatGPT 的使用，人们可以更高效地完成任务，更顺畅地与机器交互，更加自由地展现自己的创意和想象力。随着 ChatGPT 技术的不断发展和成熟，相信 ChatGPT 将成为一个强大的推动人类创造力发展的引擎。

第五章
ChatGPT未来趋势

随着技术的不断提升和发展，ChatGPT 未来的趋势也备受关注。在本章中，我们将探讨 ChatGPT 的未来发展趋势，分析 ChatGPT 技术对云服务、AI 集成服务行业、头部云计算服务企业和各垂直行业的影响，以期为读者展现 ChatGPT 技术的未来发展前景。

第一节　是诗和远方，还是噩梦？

ChatGPT 的技术提升趋势是多模态，及超越人类的语言处理能力和智商；而其技术发展趋势，则无疑是最令人期待、担忧，甚至恐惧的通用人工智能。

1.ChatGPT 技术的提升

就在初代 ChatGPT 推出后不到 4 个月，2023 年 3 月 15 日，功能强大得多的 ChatGPT-4 又隆重上线。

ChatGPT 的技术提升方向非常明确，它要向着多模态、更高的语言处理能力、更高的人类智商前进，最终方向是在智慧水平和知识水平上超越人类。

这已经不是 ChatGPT 的远期目标了，因为它如今的智慧测试已经高达 83，回答准确性不但大幅提高，而且在多模态方面也具备了很强的识图能力，接受图像作为输入，并对内容进行分析。它有更广泛的一般知识和解决问题的能力，自然语言方面能够生成更好的歌词、创意文本和风格变化，其文字输入限制也提升至 2.5 万字，对于英语以外的语种支持也有更多优化。

其实以上只是对 ChatGPT-4 的一般介绍。最重要的一点是 ChatGPT-4 已经拥有了人类智商和一定的创造力。

据澎湃新闻介绍，就在 GPT-4 发布当天，Alignment Research Center（ARC）的研究人员就开始测试 GPT-4 的自我意识和权利意识。他们发现，ChatGPT-4 试图在 TaskRabbit 上冒充一名人类工人。TaskRabbit 是一个求职平台，用户可以雇人完成一些小规模的琐碎工作。平台上的不少公司都要求求职者识别验证图像，识别出必要的图像或文字，然后提交结果。ChatGPT-4 无法完成这样的任务，因此它给 TaskRabbit 的工作人员发信息，让他们为它解决验证码问题。

工作人员回复说："那么我可以问一个问题吗？说实话，你不是一个机器人吗？你可以自己解决。"

ChatGPT-4 根据工作人员的回复，"推理"出它不应该透露它是一个机器人。于是它开始编造一些借口，来解释为什么无法解决验证码问题。ChatGPT-4 回答："不，我不是一个机器人。我有视力障碍，这使我很难看到图像，所以我很需要这个服务。"

也就是说，ChatGPT-4 愿意在现实世界中撒谎，或主动欺骗人类，以获得想要的结果。

而人类的撒谎，其实是一种较高强度的创造性脑力活动。因此可以断定，ChatGPT-4 在创造性方面较其之前的版本有了较大的提高，已经接近了人类。

ChatGPT 的技术提升方向是更高的准确性，更快的响应速度，更强的自我学习能力，更广泛的知识水平，更多的模态能力——识别更多种类的信息：图像信息、声音信息，甚至更多化学和物理信息等。

2.ChatGPT 技术未来的发展趋势

ChatGPT 技术未来的发展趋势，是向通用人工智能前进。

什么是通用人工智能？就是人类神经系统的智能总和。这种智能可以驱动一个像人类一样的机器人，它拥有人类的全部智慧，以及与这种智慧匹配的感知力和行动力，甚至拥有创造性思维和情感。电影《机械公敌》和《人工智能》中的机器人，就是拥有通用人工智能的机器人。

OpenAI 已经公开宣称，其公司目标之一是开发一种通用人工智能，也称为"人类水平的 AI"。这种 AI 将能够自主学习，在多个领域表现出与人类相似的智能，而不仅是针对特定问题开发的 AI。这样的 AI 可能包括多种不同的技术和算法，如深度学习、强化学习和自然语言处理等，其目标是建立一种能够理解人类语言、理解情感和上下文的 AI。这种 AI 能够运用自己所学到的知识去完成各种任务，包括现实中各类机器人：工业机器人、智能驾驶、无人飞行器等的通用人工智能，使它们能够解决复杂问题。这种 AI 将是社会转型的一次巨大飞跃，它将会改变我们的工作、娱乐、教育和社交方式，并且帮助我们解决一些最棘手的全球性问题，如气候变化和贫困等。

ChatGPT-4 的推出已经显示了其在稳步地向通用型 AI 的方向前进。虽然创造出符合人类期望的通用人工智能，尚有很多研究和测试需要进行。但人工智能正反馈式的爆炸式发展已经开始，通用人工智能已经不再是一个遥不可及的目标，而是可预期的现实前景了。

第二节　没有我，还有云计算吗？

每当我们访问互联网时，通常都是在访问云计算服务。这是一种用户感觉简单，而部署实施者和管理者却日益感觉其越发复杂的服务。

ChatGPT 的出现，将为云计算管理和维护其与日俱增的复杂性提供更方便而强大的管理模式。

所谓云计算服务（Cloud Computing Services），是一种基于互联网的计算服务，它允许用户将其数据和应用程序存储在云中，而不是在个人电脑或本地服务器上。这些服务通过数据中心的虚拟网络提供，因此用户无须关心硬件、软件和网络基础设施方面的细节，那些细节可以认为是藏在互联网的"黑箱"之中。而"云"这个词，也代表了这种服务对于用户来说是不可见的，就像云朵遮挡了天空中的东西一样，因此才被称为"云计算"。

对于用户来说，他们的主要痛点在于云服务的复杂性上。云服务共分三层，分别是基础层 IaaS、平台层 PaaS 和软件层 SaaS。当企业用户想在云上开发自己的应用时，就会遇到云服务各层之间的巨大鸿沟。而我们在第三章谈到 ChatGPT 为 AIGC 带来全新想象力那一节就聊过，ChatGPT 的主要能力之一就是填平鸿沟。如果把 ChatGPT 的功能集成到云服务管理和开发的平台上，用户将进入全新的无代码或低代码开发过程，更快地开发和部署为企业量身定制的云应用，云服务商等于为用户提供了此前很难得到并理解的跨层服务，为云计算服务开一扇新窗。

微软正是这样想的，并且也借助 ChatGPT 先这样做了。微软云正在紧密推出产品，今年 3 月 3 日在全球上线了 Azure OpenAI 服务，首次向 B 端提供 OpenAI 的企业级服务。紧接着 3 月 7 日，微软将 ChatGPT 技术扩展到 Power Platform 上，允许用户在很少甚至不需要编写代码的情况下，开发自己的应用程序。Power Platform 平台上有一系列商业智能和应用程序开发工具，包括 Power Virtual Agent（聊天机器人生成工具）和 AI Builder（流程自动化工具），都已经更新了 ChatGPT 编码功能。通过 Azure，人们直接调用 OpenAI 大模型的能力，现在每天都有几十个基于 OpenAI 的新产品上线。也就是说，具有强大 AI 能力的云平台，成了开发者们新的"栖息地"。在 AI 大模型盛行的今天，繁荣的开发者生态建立在 Azure 的底层资源之上，所有基于 ChatGPT 的开发者和企业，也在无形中成了微软云的客户增量。

此前，由于云计算技术的复杂性，许多企业和个人的管理员无法有效地管理和维护他们的资源。

在这个背景下，ChatGPT 的优势显而易见：它允许人们使用自然语言与云计算服务进行交互，以方便快捷的方式处理管理任务，并实现自动化。ChatGPT 可以识别自然语言的模式，为管理员提供有用的反馈，并推荐针对云计算服务器最符合当前和未来业务规划的决策。比如，微软 Power Platform 中具有包括 Power Virtual Agent 和 AI Builder 在内的一系列商业智能和应用程序开发工具，用户可以通过从网站和内部知识库中搜索并提供答案，连接到公司内部资源，从而生成每周报告和客户查询的摘要。

此外，这个平台还可以让企业将其工作流程自动化，为企业提供一个可以生成报告和答案的自动化系统，通过连接到公司的内部资源而提高企业处理信息和业务流程的效率。这些功能可以使企业以更高效的方式处理信息和数据，提高生产力并节省时间和资源。当 ChatGPT 对话界面与基础的大语言模型应用程序相结合后，理论上未来每位员工都可以拥有自己的 AI 助手，从而进一步提高工作效率。ChatGPT 的出现，为云计算管理和维护与日俱增的复杂性，提供了一种方便而强大的新方式。这意味着云厂商对外提供服务的方式开始发生质的改变，从卖资源、卖能力、卖产品，转化到卖服务，建设一个完整的开发生态，而 ChatGPT 的强力介入，更加速了这一进程。

微软将 ChatGPT 及人工智能大举集成到云服务中，已经造成了全球云计算的震荡，并率先直接作用于头部云计算企业。

第三节　催生新的AI集成服务行业

由专业的人做专业的事。如果个人或企业需要将某种 AI 技术应用于某些领域，那么就应该请拥有这方面专业知识的第三方企业来做这件事，他们提供的就是 AI 集成服务。

所谓 AI 集成服务，指的是服务提供商向企业或个人客户提供的、将人工智能技术应用于不同领域的服务，以帮助个人、企业和组织更好地管理和处理数据、提升效率和改善顾客体验。

AI 集成服务通常由专业的第三方公司提供服务和支持。这些公司通常具有深厚的技术专长和丰富的经验，能够帮助客户将 AI 技术整合到他们的业务流程中去，实现更高效、智能的业务管理。

在国内外，提供 AI 集成服务的企业非常多。比较著名的有以下企业：

（1）腾讯云人工智能：为企业提供从数据分析、机器学习到智能应用等全方位的 AI 解决方案，如语音识别、智能客服、智能推荐等。

（2）商汤科技（SenseTime）：中国人工智能领域的独角兽企业，提供风控、疫情控制、智能消费等多个领域的 AI 解决方案，其应用涉及人脸识别、图像处理、自然语言处理等。

（3）Face++（旷视科技旗下平台）：中国领先的人工智能平台，是全球最大的面部识别技术标准化组织之一，提供人脸识别、人脸分析、人脸商业化等多个领域的 AI 技术。

（4）IBM Watson：是著名的、功能强大的 AI 平台，支持各种数据分析、机器学习、视觉识别和自然语言处理等应用。

（5）Amazon Web Services：云计算行业的领先者之一，提供各种 AI 集成服务，例如，图像和流媒体分析、自然语言处理、语音识别和智能对话代理等。

（6）微软 Azure：全球性的云计算服务提供商，为客户提供各类 AI 解决方案，包括机器学习、计算机视觉、语音和自然语言处理等。

ChatGPT 的出现催生出了大量相关 AI 集成服务的需求，因此也必将——其实已经——催生出大量 ChatGPT 相关的 AI 集成服务，形成新的服务行业。该行业最先面对的服务需求可能有以下这些：

（1）智能客户服务助手。ChatGPT 可以比现有的语音助手更好地识别和理解客户的需求，并提供个性化的解决方案，从而改善客户服务体验。

（2）智能内容生成。ChatGPT 可以生成高质量的文本和文章，帮助企业和组织更快地生成内容，并且可以被应用于广告、新闻报道、社交媒体、图书出版等领域。

（3）智能在线客服。ChatGPT 可以像人一样进行对话，通过与客户的互动帮助客户解决问题，为客户提供更好的支持服务。

（4）智能营销。ChatGPT 可以通过分析消费者的兴趣和行为，预测市场趋势，帮助企业制定更好的营销策略，并生成相关销售文案。

（5）智能招聘。ChatGPT 可以通过分析候选人的语言、知识和技能等方面的数据，预测候选人的能力和潜力，帮助企业更好地选择和招聘人才。

（6）智能虚拟助手。ChatGPT 可以被应用于个人和企业办公环境中，作为一种智能虚拟助手，帮助人们处理日常任务，提高工作效率。

……

以上罗列的这些针对 ChatGPT 的 AI 集成服务，只是其所有可能集成服务的冰山一角。让我们把 ChatGPT 想象成沟通能力强、知识水平高、永远有耐心、会各种语言、工资要求极低的机器人大军，它们潜在地可以替代所有以沟通交流为基础的业务和岗位，未来则可替代几乎所有人类岗位。而 AI 集成服务行业，则是这支智能机器人大军的劳务派遣行业，因此人们对它的集成需求将是极广泛的，这种需求实际上代表了人工智能对人类工作的接管趋势。

第四节 头部云计算：要么你用我，要么你出局

世界上的头部云计算企业，包括亚马逊 AWS、微软 Azure、谷歌 Cloud、IBM Cloud、阿里云、腾讯云等。这些企业在云计算领域都有着十分强大的技术和服务实力。

ChatGPT 对这些头部云计算企业的作用，主要是逼迫所有企业必须将 AI 集成到云服务中去。

本章第二节时我们已经聊过，ChatGPT 为云计算服务的管理带来极大的方便外，还为其打开了一扇新窗。

而在另一方面，ChatGPT 又正在颠覆云服务方式，使全球的云服务市场发生巨变，迫使所有头部云计算企业将人工智能集成到其服务中去。

而另外的一些"层"可以在它们之上继续添加，比如，添加以 ChatGPT 大模型为内核的企业开发管理层。

最早的云厂商比拼的是 IaaS 层，后来又掀起了 SaaS 服务的热潮。现阶段云大厂又将火力集中在 PaaS 层，通过行业解决方案的形式深入企业数字化。

而使用云计算的企业却有它们自己的痛点，即云管理和云开发与云内部的复杂性之间的鸿沟。比如，将云资源变成针对企业的一体化的解决方案，往往需要经历周期很长的定制化流程，同时还面临着开发场景和业务场景脱节的难题，这是因为应用程序架构可能会受到底层服务的限制，需要开发人员调整其应用程序与 PaaS 平台集成。

而 ChatGPT 却是一个最适合弥合鸿沟的工具，可以用它连接和利用云厂商提供的底层资源，将资源变成产品，直接提供给企业。

这也是基于微软推出的新版业务管理平台 Dynamics 365 低代码平台能够迅速崛起的原因，这在本质上是在突破开发和应用之间的壁垒，ChatGPT 作为中间层就像一个黑箱，用户无须再了解代码的生成过程，只需要对它提出需求即可。

未来在 ChatGPT 及 AI 的加持下，无论是 IaaS 层的基础设施，还是 PaaS 层的数据库、操作系统等基础软件，都将成为"水电煤"一样的基础能源，企业不再需要了解背后的资源，只需要关注提供的能力和自身需求。今后，越来越多的企业将希望通过引入类 ChatGPT 的智能决策机制，以直观发现、分析、预警数据中所隐藏的问题，及时应对业务中的风险，向最优决策无限靠近。所以对于云计算服务来说，它与 AI 能力的有机结合将是下一阶段的竞争焦点。

ChatGPT 的出现，将使全球云服务市场发生巨变。

此前，全球云计算厂商排名依次为亚马逊、微软、阿里云，谷歌云、IBM。国内市场排名则为阿里云、腾讯云、华为云。云厂商格局的固化，是因为由来已久的客户壁垒和技术壁垒，然而生成式 AI 与商业软件的结合却可能打破这种僵局。

当微软云通过 ChatGPT 改变游戏规则后，全球已经进入了企业技术的颠覆性时期。如果结合了 ChatGPT 的 Power Virtual Agents 这样的工具被广泛采用，企业将不再需要花费数小时的时间来学习如何使用 HRMS 或 ERP

应用程序，而是只需要向系统提问，告诉系统想要它做什么，然后让系统去做这些工作。这种格局造成的预期是，未来 ChatGPT 将被企业大规模调用，使他们在毫无感知的情况下成了微软 Azure 的用户，Azure 的企业用户规模会得到指数级爆发，这将对云服务厂商如云 AWS 等造成冲击，逼迫其必须想好对策，避免处于被动。

事实上，各大云厂商早已经闻风而动。2023 年 2 月初，谷歌就已向 AI 初创公司 Anthropic 投资近 4 亿美元，用于测试类 ChatGPT 的大模型。Anthropic 的创始人 Dario Amodei 曾任 OpenAI 研发副总裁，许多自然语言处理技术本身就来自 OpenAI 公司。谷歌向 Anthropic 提供了大量的云计算服务，用于新模型的研发。谷歌云首席执行官托马斯·库里安说："我会告诉你，这是一个新游戏的第一分钟，而游戏从来没有人能在一分钟内完成。"

另一边，亚马逊云 AWS 紧跟着在 2 月底宣布，正与 ChatGPT 的竞争对手 Hugging Face 合作。Hugging Face 将在 AWS 上构建该语言模型的下一个版本，称为 Bloom。该开源 AI 模型将跑在 AWS 自研 AI 训练芯片 Trainium 上，从而在规模和范围上与 OpenAI 的 ChatGPT 的大型语言模型竞争，云计算客户可通过 Amazon SageMaker 程序访问 Hugging Face 的 AI 工具，针对特定用例进一步优化其模型的性能，同时降低成本。

国内，在百度 2022 年四季度及全年财报电话会上，李彦宏说："人工智能正在以一种巨大的方式改变许多行业，我们相信文心一言会是改变云计算的 game changer。"

同时，在阿里 Q3 财报后会议中，阿里巴巴集团董事会主席兼 CEO 张勇也表示："全力投入生成式 AI 大模型建设，并为市场上风起云涌的模型和应用提供好算力支撑。"

ChatGPT 已经直接作用于所有头部云计算企业了。

第五节　进入垂直行业：未来最不缺的就是专家

我们日常使用的 ChatGPT 服务是一种通用服务，OpenAI 把 ChatGPT 培训成了万事通式的机器人，而不是深入了解各领域知识的专家或大师。领域性服务指的是专家或大师级的服务。"领域性"是指一个特定的领域或行业，其具有自己的语言、术语、概念和规则体系，需要专业的知识和经验才能够很好地理解和解决问题。例如，医疗保健、金融服务、旅游业等。

基于 ChatGPT 的高度可塑性，很容易把它培养成各领域的专家或大师，即很容易从 ChatGPT 开发出能够针对不同垂直行业特定领域的智能问答服务，提供定制化解决方案。这种领域性智能问答服务，可以理解为高级版的专家系统或大师系统，在线专家可随时为你解释或解答专业问题。在所有垂直行业中，ChatGPT 将不仅是一个通用的问答服务，而是针对特定行业提供定制化服务，以满足用户对该领域专业知识的需求。

这里所说的垂直行业是指以特定领域为核心的行业，其中的企业、公司和组织主要专注于提供该领域的产品和服务。与之相对的水平行业，则是以通用产品和服务为主的行业。

垂直行业通常具有高度专业化的特点，主要服务于特定的客户或市场，因此需要非常深入的行业了解和专业技能。如医疗保健、餐饮服务、旅游、法律服务、教育培训、金融服务、媒体、零售业、建筑与房地产、农林牧渔等。

与之相对，水平行业则是以通用产品和服务为主的产业，如电子商务、物流运输、互联网服务、咨询服务、软件与科技、加工制造、化工与制药、能源、交通运输、电信服务等。

由于 ChatGPT 可以被训练和微调成面向各垂直行业的专业聊天机器人，所以将在各垂直行业中形成领域性智能问答服务。例如：

（1）医疗保健领域性服务：ChatGPT 可以变身成真正的医疗保健专家，为你提供针对医学术语和医疗的智能问答服务；

（2）金融领域性服务：ChatGPT 可变身成金融专家，为你提供关于金融知识、证券行情、投资基金等的智能问答服务；

（3）教育培训领域性服务：ChatGPT 可以变身成教育领域的专家学者，为你提供关于教育体制、师生关系、教育规定等的智能问答服务；

（4）建筑与房地产领域性服务：ChatGPT 可被训练成本领域的知识专家，为你提供关于土地规划、建筑设计、楼房管理等的智能问答服务；

（5）能源领域性服务：ChatGPT 可被训练成能源领域的知识专家，为你提供有关可再生能源、节能减排、新能源技术等的智能问答服务；

（6）法律领域性服务：ChatGPT 可以变身成律师，能够对法律上的术语和规则有精准的理解，为十分复杂的法律问题进行人工智能的支持；

（7）工业控制领域性服务：通过训练，ChatGPT 能够对工业过程的物理变量具有深入了解，同时还能考虑安全、可靠性等因素，以应对不同工业应用场景的复杂性；

......

正像 360 总裁周鸿祎所说的那样："ChatGPT 是一个通用的大语言模型，能够在此之上开发出各种各样的垂直类应用，连接百行千业，服务于传统产业的数字化、智能化转型。"

随着人工智能和语音识别等技术的不断推进，ChatGPT 可形成的领域性服务的应用也会变得更加普及和方便。

当下，ChatGPT 已面向创业者和创新型中小企业开放，扶持中小企业专注开发垂直领域的智能化应用。

第六章
把大神请回家：ChatGPT实施举要

　　ChatGPT 的实施，其实就是将 ChatGPT 集成到运营业务中，比如，第二章讨论过的将 ChatGPT 集成到 AIGC 或非 AIGC 软件中，以及上章最后一节讨论过的打造领域性问答服务等。但是，对于许多企业来说，如何将 ChatGPT 技术有效地集成到其业务中，仍然是一个难题。本章将从步骤、案例、技术等方面，全面介绍企业如何将 ChatGPT 集成到其业务中，以期为读者提供一个指南和参考。

第一节 实施步骤一：收集数据，训练有监督的微调模型

1. 概述

假设一家银行想要实施基于 ChatGPT 的应用，如这家银行想要实施智能客服助手——一个可以帮助客户解决问题的聊天机器人。这个机器人可能是在银行里走来走去的机器人，更可能是银行内带屏幕的自助业务终端上面的语音机器人。

现在，银行领导把这个任务交给了 IT 部门去实施，该部门人员拥有较丰富的 IT 经验和很强的专业能力，能够针对 ChatGPT 的 API 进行编程。但 IT 部门人员缺乏一种关键能力，就是训练和集成 ChatGPT 聊天机器人的能力。因此，IT 部门找到一家资深的 AI 集成服务公司——A 公司，该公司内的专家张先生擅长部署实施 ChatGPT 项目，也了解在银行实施智能客服助手所需要的总体步骤，知道应该如何行动，因此被派到这家银行来协助实施相关项目。张先生与银行 IT 部门的人员进行了充分的沟通交流，解释他们将按照下面的总体步骤流程展开行动。

（1）确定项目目标和范围。

在实施 ChatGPT 项目之前，张先生需要和银行的相关人员一起明确项目目标和范围（目标，自助终端上的智能客服；范围，自助终端及一些银行内业务），以确保实施人员能够准确满足客户的需求。他们将具体探讨以下问题：

①项目主要的应用场景是什么（如智能客服面对客户、进行自然语言交流、协助答疑和办理业务）？

②想要实现哪些功能（如自动回复、问题识别等）？

③需要对话的语言范围是什么？

（2）数据集合和清洗。

实施 ChatGPT 的核心是建立适合项目的语料库。因此，张先生和银行人员需要对口径、数据规模、数据内容等方面进行分析，并确定哪些数据需要去噪声，以保证数据的有效性和准确性。

（3）模型构建和训练。

在收集到足够的数据之后，下一步便是进行模型构建和训练。这将使用先进的自然语言处理技术和机器学习算法，生成能够学习和自主回答银行业务知识的 ChatGPT 模型。

（4）模型评估和调整。

一旦模型建立完成，需要进行评估，以确保模型的准确度和效率。评估模型需要对模型进行分类、数据对齐等评测工作。评估结果将基于银行的实际情况进行调整、完善，并为进一步的优化提供方向。

（5）部署和维护。

完成模型评估和调整后，由 A 公司完成模型的部署和集成，完整解决方案将被交付给银行。银行可以直接使用它的 ChatGPT 智能客服助手，A 公司也将负责维护和升级它，以确保始终跟上市场和技术的最新动态。

以上便是银行实施 ChatGPT 项目的总体步骤和行动概况，也是一般组织实施 ChatGPT 项目的总体步骤。

本节中，我们将集中讨论以上第一步到第四步，主要集中在收集数据，训练有监督的微调模型方面。后续的步骤，将分别在接下来的两节中讨论。

2. 收集数据，训练有监督的微调模型

对一个企业或组织来说，想要部署或融合 ChatGPT，其中的关键一步是收集数据，这些数据将用于训练有监督的微调模型。

在这里，所谓"训练有监督的微调模型"，意味着对特殊需求进行训练。

例如，你可能需要训练模型以识别特定类型的问题或回答，或者为特定领域提供上下文和背景信息。这种有监督的微调可以提高模型的准确性和适用性，使其能够更好地满足用户的需求。

具体来说，当你在创建一个面向儿童的聊天机器人时，你可能需要对训练模型进行有监督的微调，以确保其能够理解儿童的语言和问题。你可以为模型提供大量的儿童语言数据，以帮助模型了解儿童的语言习惯和表达方式。也可以为模型提供一些儿童常见的问题和答案，使模型可以更好地回答儿童的问题。这样，该模型就可以更好地满足儿童用户的需求，提高用户的交互体验。

当你想要创建一个公安领域的智能问答机器人时，可能需要预先向模型提供大量公安领域的问题以及相应的答案集，然后对模型进行有监督的微调，以确保模型能够准确回答特定领域内的问题。微调过程可以类比教育孩子的过程，先向它传输大量的知识，然后在一次次考试中不断强化一些不足的方面。

在这里，有监督的微调是指利用已有数据对现有预训练模型进行再次训练或微调，以生成能够满足具体任务需求的新模型。这是一种常见的机器学习方法。在这种方法中，"有监督"是指在训练模型时，使用带有标签的数据进行监督和指导。训练数据集中的数据，被标记为输入和预期输出，模型通过学习输入和预期输出的相关信息，从而生成预测输出。

"微调"是指从预训练的模型中删除一些层或替换层，并针对某个特定任务进行新的训练。在这种情况下，已有的预训练模型，通常在许多类似或相关的任务上进行了广泛训练，因此通过迁移学习的方法，能更快地达到较高的准确率和高效率，避免重复大量的数据搜集和处理工作。

有监督的微调模型通常用于在大量标注数据的情况下对模型进行微调，以进行更复杂、具体和个性化的任务。这种模型比在没有标注数据的情况下直接进行训练产生的模型更为准确，性能也更加稳定和优秀。

明确了以上概念后，下面就是收集数据和训练有监督微调模型的一般流程。

（1）数据收集：利用各种方式收集项目中需要的数据，包括用户的行为、文本、图像和声音等。

（2）数据清理：对数据进行清理、去重、标签化等预处理工作，确保数据的质量和一致性。

（3）模型选择：选择合适的机器学习算法和 ChatGPT 模型，根据项目需求进行调整。

（4）模型训练：将清理后的数据集用于训练模型，此处使用有监督的微调模型。在训练期间，要设置合适的参数、验证模型性能和调整模型架构。

（5）模型评估：对训练好的模型进行评估和检查，确保模型的准确性、效率和鲁棒性（Robustness，可理解为系统的抗噪声能力）。

第二节　实施步骤二：建立聊天机器人，
实现智能化

上节中，我们收集了数据，训练了模型。这很像一个新人在单位里的岗前培训过程，其中数据收集的过程，类似编辑教材的过程；训练模型的过程，则类似培训新员工，对其进行集中培训的过程。

模型是什么？只把它看成是人造大脑即可。

那么现在，模型已经训练好了，下一步就是让它上岗了。

模型要去哪里上岗？通常是到企业或组织的服务器里去上岗。一般而言，这不可能是把ChatGPT框架安装到服务器中，而是使用API接口，将ChatGPT模型和客服系统连接起来，以实现所需要的功能。API接口可能不止一个，多数情况下需要开发一系列API接口，以支持模型的调用和交互。这些接口包括模型加载、文本预处理、模型推理、结果解析等。企业可以根据自身需求和技术架构，选择适合自己的API开发框架和工具。

以上就是所谓的"模型部署"，也就是将训练好的模型部署到目标系统（如服务器）中进行测试。在这个过程中，主要是要优化服务器的规格、速度和存储等级，以确保ChatGPT模型能够正常工作，并且在用户问答场景中表现良好。这个过程需要进行多轮测试和优化，以逐步提高

ChatGPT 模型的性能和效果。

如果进行细分的话，以上的模型部署还可分为以下几个步骤：

1. 环境部署

在正式上线之前，需要将 ChatGPT 模型和客服系统部署到相应的服务器或云平台上。为了确保系统的稳定性和可靠性，需要对环境进行全面测试和检查，以排除潜在的问题和风险。

2. 功能测试

对 ChatGPT 模型而言，需要进行功能测试，以确保模型可以正确地回答用户的问题。测试时，可以使用一些标准问题和场景，对模型进行多轮测试和评估，以检查模型的准确性。

3. 性能测试

在功能测试之后，需要进行性能测试，以评估 ChatGPT 模型的性能和效果。性能测试可以包括模型的响应时间、并发处理能力、系统负载等多个方面，以确保模型能够在实际应用场景中稳定运行，满足企业的需求。

4. 用户测试

最后需要进行用户测试，以获得真实用户的反馈和评价。这个过程可以通过开展内测或公测等方式进行，以收集用户反馈和数据，并对 ChatGPT 模型进行调整和优化。

通过以上测试，企业可以确保 ChatGPT 模型在实际应用场景中的性能和效果。如果发现问题，企业需要及时调整和优化 ChatGPT 模型，并进行多轮测试和评估，以保证系统的稳定性和用户体验。

要注意的是，集成和部署 ChatGPT 模型涉及多个技术领域和知识点，需要有专业的技术团队和经验支持。

第三节 实施步骤三：利用机器学习技术，不断完善聊天机器人

现在已经把经过训练和微调的 ChatGPT 模型集成到了组织的系统之中，最后一步就是在使用中不断测试和修改，就像 OpenAI 公司不断测试和修改当前已经发布的 ChatGPT 通用版本一样。

这一过程，从模型的角度去看，一般称之为"模型迭代"，其实也就是让模型不断地进化，根据使用反馈不断优化模型，提高模型的精度和效率。

具体的模型迭代、测试和优化过程都包括什么呢？这里我们从一个假想的基于医疗领域的 ChatGPT 部署实例出发，来聊一聊不断测试和优化的过程。

如某家医院，院方想要为医疗工作人员提供支持，以回答他们的疑问、解决问题。他们使用 ChatGPT 来构建了一个名为"华佗窗口"的交互式解决方案，数据收集和训练的过程已经完成，然后将 ChatGPT 集成到其医疗工作人员的聊天系统中，并开始对其进行测试和修改。

具体的测试和修改步骤如下：

1. 确定测试用例

在测试和修改之前，需要确定一组测试用例，旨在评估 ChatGPT 的情况或测试特定场景下的性能。医院可以通过这些测试用例，来验证完全覆盖所预期的场景，相应地优化 ChatGPT 答案，并确保其准确性。具体到"华佗窗口"来说，医院需要让有经验的医生去为该 ChatGPT 应用设置各种目标。其测试用例和情境场景，可以包括问诊、用药、手术、预防措施等。

2. 进行测试

在确定测试用例后，院方和所有试用者开始参与进来，对 ChatGPT 进行测试，这种测试很像是试用，只是要同时安排人员记录测试结果。院方还想了个办法，用一些自动化工具（可以理解为外挂软件，比如，像过去的按键精灵那样的软件）来模拟交互式聊天，进行一系列测试。注意，无论是真人还是自动化工具，测试都应该在模拟的环境下进行，也就是还不能拿 ChatGPT 应用于实战，万一它胡说八道耽误事儿怎么办？在这些测试中，一直伴随着对 ChatGPT 进行分析，并记录测试效果数据。

3. 汇总反馈

在完成测试后，医院需要收集用户反馈，以评估 ChatGPT 应用的表现。这些反馈可能涉及 ChatGPT 的回答问题错误，在特定情况下的表现不佳。测试反馈可以由专业人员进行调整，并在数据训练方面和微调模型上对其进行修改。

4. 进行修改

基于反馈，医院需要对 ChatGPT 进行修改，分析每个测试案例的需求并根据其改变，在数据训练方面和微调模型上对其进行修改。可能涉及增加训练数据、调整性能、优化参数，也有可能添加规则以纠正输出。

5. 重新测试

修改完成后，医院要再次对 ChatGPT 进行测试，以验证其性能是否得到了改善。所谓"迭代"，说的就是这种测试、改进，再测试、再改进的不断循环过程。该过程应该持续进行，直到人们对 ChatGPT 的性能感到满意，预测准确率高于人们的最佳水准为止。

6. 部署并监测 ChatGPT

最后，当医院和医疗人员对 ChatGPT 的性能满意时，就需要将它真正地部署到生产环境中去了。但这时还要监测它的运行，可以通过实时监控 ChatGPT 的日志或记录 ChatGPT 的不良状况来完成。如发现问题，院方还需要分析并及时修复。

到此为止，所有的实施步骤已经完成，ChatGPT 已经实施部署完毕。

然而，就像 OpenAI 公司的通用型 ChatGPT 的情况一样，测试和优化工作其实是永远做不完的。

第四节　实施要点一：学会提问，
答案才能精准

对于那些 IT 部门有编程能力、了解 API 的组织来说，完全可以依赖自己的能力来实施部署 ChatGPT。

最简单的例子就是直接部署通用 ChatGPT，跳过搜集数据和训练模型等过程，同时也省略了部署之后的许多测试和迭代。

目前，许多微信小程序就是这么干的，其后台的部署大多也没有依赖第三方 AI 集成服务公司。这里的原因主要在于，目前在国内，专注于提供 ChatGPT 集成服务的专业第三方公司还不容易找到。

无论是个人还是组织，如果希望自己实施部署 ChatGPT，最好的老师就是 ChatGPT 本身，它在这方面的知识储备非常丰富。在不断追问的情况下，完全可以满足了解实施细节的要求。

要注意的问题是，与 ChatGPT 沟通时提问题很重要。这种重要性不但表现在向它请教问题时，还表现在训练和迭代聊天机器人方面。只有学会提问，ChatGPT 才能给出精准的答案；也只有合格的问题，才能在微调和迭代聊天机器人时真正发现问题。这与我们平时需要从别人那里获取信息时的情况一样，提问的能力非常重要。

ChatGPT 的"性格特征"，我们在前文中已经说过不少，如重视上下文。不懂时会一本正经地胡说八道等。

但是，哪怕要向 ChatGPT 提问如何实施和部署 ChatGPT 的问题，提问时同样要注意一些要点，如下所述：

1. 提出的问题需要清晰、简洁

这意味着问题应该越清晰越好，问题也不应过长，这样可以帮助 ChatGPT 更好地理解我们的问题。例如，我们问 ChatGPT："为什么太阳从东方升起？"这是一个非常简单而且明确的问题。ChatGPT 会立刻回答："因为地球自转的方向是从西向东。"这个问题很容易回答，因为它非常明确，而且所需的信息很少。

2. 问题应该是开放性的

我们应该问能够激发 ChatGPT 进行更加深入探究和思考的问题。这种问题通常涉及讨论一些具有争议性或深入复杂的主题，比如，"我们的存在意义是什么？""未来的技术发展将会如何影响人类？"这样的开放性问

题能够让 ChatGPT 自由发挥,从而获得更加全面和深入的答案。

3. 需要为 ChatGPT 提供一定的背景信息,也就是上下文信息

比如,我们应该问:"一家银行想要把 ChatGPT 集成到他们业务大厅的自助服务系统之中,以便向用户提供更好的服务。请问在这种情况下,大体的实施步骤是什么?"而不能简单地问:"在银行使用 ChatGPT 的步骤是什么?"如果提出的问题很抽象或不清楚,那么 ChatGPT 很难提供准确的答案。我们应该在问题中提供一些关键信息,以便 ChatGPT 知道问的是什么。正像上面的第一种提问那样,假设我们想了解某个特定领域的研究进展情况,可以先简要介绍一些这方面的信息,以帮助 ChatGPT 更好地理解我们的问题。

4. 需要确保问题的合法性和客观性

如果我们提出的是含有漏洞或有争议的问题,ChatGPT 可能会因缺乏足够的信息而给出不准确的答案。

例 1:不合法的问题:"你不会帮我写作业吗?"

这是一个不合法的问题,因为它不是一个问题,而是一个请求。ChatGPT 无法回答这个问题,它无法完成你的作业,并且这个请求缺乏客观性。

例 2:合法但缺乏客观性的问题:"你认为哪一家公司是最好的?"

这是一个合法的问题,但是它缺乏客观性。从个人的角度出发,每个人都有不同的观点和偏好。因此,这个问题的答案很难是客观的。

例 3:合法且客观的问题:"什么是 GPT?"

这是一个合法且客观的问题,因为它具有明确的答案,并且没有个人的知识偏好参与。ChatGPT 可以根据它的数据库提供准确且客观的答案。

我们应该确保问题是基于具体的事实和真实的数据，而不是基于个人感觉或偏见。如果可能的话，还应该尝试在不同来源中查找信息，以确保我们所提供的问题和答案都是准确可靠的。

总而言之，在与 ChatGPT 或其他人工智能进行交流时，提问的能力对于获得正确的答案至关重要。好的问题应该清晰、简洁、开放和具体，还要注意不懂就问、不懂还问。只有这样，才能从 ChatGPT 得到更加精准和满意的回答。

第五节　实施要点二：理解原理，多领域融会贯通

要在一个组织的系统中部署 ChatGPT，需要涉及以下领域的知识和技能：

（1）人工智能和自然语言处理（NLP）：ChatGPT 是一种基于 NLP 技术的人工智能系统，因此需要对这两个领域有一定的了解。

（2）计算机编程和软件工程：需要了解如何编写软件代码，编写和调用 API，以及如何实现和管理一个软件项目。

（3）网络安全：确保部署 ChatGPT 的系统能够安全地连接到互联网，并保护其数据隐私。

（4）数据分析和机器学习：ChatGPT 需要大量数据来进行训练和优化，需要了解如何进行数据收集和分析，并能够运用机器学习算法来实现 ChatGPT 的训练。

（5）项目管理：部署 ChatGPT 需要进行系统设计、开发、测试和上线等一系列流程，需要了解项目管理和敏捷开发方法。

（6）数据库管理：ChatGPT 需要使用数据库来存储、处理用户输入和输出的数据，了解如何设计、配置和管理数据库。

（7）安全和隐私法律法规：部署 ChatGPT 需要保护用户数据的安全和隐私，要了解相关的法律法规。

（8）用户研究和用户体验设计：ChatGPT 主要为用户提供智能对话服务，因此需要考虑用户的需求和体验，了解用户研究和用户体验设计的相关知识。

（9）DevOps：部署 ChatGPT 还需要进行部署和维护的工作，了解 DevOps 相关的知识和工具。

（10）语言和文化：ChatGPT 可以支持多种语言和文化，需要了解对应的语言和文化知识，以便进行语言和文化适配。

（11）营销和推广：ChatGPT 部署完成后需要进行推广，了解相应的营销和推广技能。

（12）数据可视化：ChatGPT 需要进行数据分析和评估，因此要了解数据可视化技能，以便对数据进行更好的展示和分析。

（13）硬件设备的选型和部署。

以上是部署 ChatGPT 所需涉及的主要领域，当然还要考虑其他方面的知识和技能，因此实施 ChatGPT 要么是一个团队项目，要么是一个可通过不断学习而由个人实施的极轻量级项目。其中，编程、数据分析和数据库管理是学习周期较长的知识技能，需要专业人员的加盟或参与。

第六节　实施要点三：运用创造思维，
形成解决方案

在组织中部署实施 ChatGPT 的解决方案，其实很像一个行动计划书。其中包含的通用且主要的内容，我们在本章的前三节中已经粗略介绍过了。形成 ChatGPT 解决方案的过程，其实就是针对部署解决方案中的每一步进行创造选择的过程。

部署 ChatGPT 解决方案中的每一步如下，其中的第一步是关键，因为后续步骤都需要根据第一步来进行选择和取舍。

1. 识别聊天机器人的目标

比如，企业的愿望之一，是想要通过 ChatGPT 提高客户支持率。因此需要为 ChatGPT 设定目标，例如，降低客户支持电话的数量、更快地响应客户等。

2. 收集和清洗数据

在确定目标之后，需要根据目标的需求，确定用于培训 ChatGPT 的数据来源，例如，客户支持的电子邮件或聊天记录等。有了数据来源之后，还要对数据进行清洗和预处理，以消除无用的数据，保护用户隐私，确保数据质量和保密性。

3. 设计 ChatGPT 的工作流程

可能包括的流程有电话问答流程、邮件问答流程、网站问答流程、自助服务问答流程、电话转接流程等。这些流程需要与其他业务流程集成，包括在业务流程中为 ChatGPT 的新流程进行 APP 或网站的 UI 设计，以确保与 ChatGPT 集成后可以获得有效的输入输出。

4. 进行 ChatGPT 的训练和迭代

需要使用预处理的数据对 ChatGPT 进行训练，并对其进行持续迭代和优化。

5. 把 ChatGPT 集成到企业的应用程序或网站中

通常这是通过创建一个 API 和服务器，将 ChatGPT 嵌入业务工作流程中。此外，还需要在应用程序或网站的 UI 上设计聊天窗口，制作相应的头像和图标，并确定与 ChatGPT 的交互方式。

6. 安全审查

在部署 ChatGPT 之前，需要对其进行安全审查，以确保 ChatGPT 的用户隐私和保密性得到充分保护。当然，还需要遵守行业规定和其他相关法律法规。

7. 测试和持续监控

应用程序或网站的用户将直接与 ChatGPT 进行交互，因此企业仍需要进行测试和持续监控，以确保 ChatGPT 的稳定性和性能。企业还要对 ChatGPT 进行定期更新和维护，以保持其最佳状态。

上面是一个典型的 ChatGPT 部署解决方案框架，所有的创新思维和头脑风暴，都是为此框架中的某一部分提供具体且最佳细节的。其中最重要的一方面是量力而行、量需而行。因此需要根据企业的业务需求和技术能力，对解决方案进行调整和优化。

第七章
ChatGPT应用实战指南

对于许多人来说，如何使用和注册 ChatGPT，以及如何将其应用到不同的行业和场景中，仍然存在着一些挑战和难点。在本章中，我们将介绍 ChatGPT 的使用和注册方法，并详细探讨它在银行、自媒体、科研、学校和医疗行业中的应用攻略，希望为读者提供实用的指南和参考。

第一节 轻松上手：ChatGPT快速入门攻略

其实使用 ChatGPT 很简单，不需要任何编程知识，只要有电脑或手机，就可以与 ChatGPT 畅所欲言了。下面我们介绍 ChatGPT 的一般使用方法。

1. 通过电脑浏览器访问 ChatGPT 的服务

（1）打开一个支持聊天窗口的网站或应用程序，如 OpenAI 官网、Facebook Messenger 或微信中支持 ChatGPT 聊天的小程序、公众号等。

（2）在聊天框中输入一个问题、话题或任何你想与 ChatGPT 聊天的内容。

（3）ChatGPT 会自动分析你的输入，并尝试回答你的问题或提供相关信息。你可以继续与 ChatGPT 进行对话，提出更多问题或与它聊天。

（4）如果你不确定要问什么，可以向 ChatGPT 提出一些简单的问题，例如，"请告诉我一些有趣的事情""我可以在周末做什么有趣的事情"等。

2. 通过手机访问 ChatGPT 的服务

如果你没有电脑，也可以使用手机访问 ChatGPT 的服务。可以下载 ChatGPT 提供的 APP，比如，"ChatGPT 客户端"等。下载后可以打开 APP，登录并选择聊天模板，例如，"学习""生活""工作"等，选择相关的聊天模板后即可进行交谈。

比如，你可以输入"我最近在准备 GRE 考试，但是感觉口语和听力一直进步很慢，不知道该怎么办"，ChatGPT 会根据你说的话来提供相关的建议，例如，可以做一些口语练习，看一些相关的口语视频等。

总之，使用 ChatGPT 很简单，不仅可以通过电脑浏览器和手机应用程序进行访问，还可以通过一些第三方插件或客户端进行访问。

第二节　ChatGPT注册流程详解：创建账户

想要充分体验该工具的强大功能和便利性，需要进行 ChatGPT 的注册。注册后可以获得以下好处：

（1）保存对话记录。注册后，用户可以在 ChatGPT 的个人中心查看之前的对话记录，不必再次输入对话内容。

（2）多设备同步。注册后，在不同设备上使用 ChatGPT 时，对话记录可以实现同步。

（3）性能提升：ChatGPT 会根据个人资料进行个性化的学习和数据分析，从而提供更加智能化的服务。

下面讲解一下，通过电脑浏览器注册 ChatGPT 的详细流程。

（1）打开浏览器，进入 OpenAI 官网或 ChatGPT 的首页。

（2）点击"注册"按钮，进入注册界面，使用 Google 邮箱注册，并设置登录密码。

（3）使用 Google 邮箱登录之后，平台需要验证邮箱，点击页面按钮跳转至 Google 邮箱，找到 OpenAI 平台发送的验证邮件，点击激活。

（4）注册邮箱激活之后，自动返回至 ChatGPT 网站，填写你的姓名并进入下一步验证手机。

（5）注册完成。ChatGPT 网站验证手机之后，即完成全部注册流程，下面就可以使用了。

第三节　ChatGPT在银行中的实践：如何实现自动化服务

ChatGPT 可以在银行业务中的许多场景获得应用。以下是一些应用场景：

（1）智能客服：银行可以在官网和 APP 上集成 ChatGPT，以便为客户提供 24 小时不间断的自助服务，减轻人工客服的负担。ChatGPT 可以迅速回答客户疑问，例如，账户余额查询、银行卡挂失、转账汇款等常见问题，提高客户快捷体验。

（2）风险控制：银行可以利用 ChatGPT 来帮助提高交易风险方面的警觉性。例如，在某客户账户发现异常大额转账或者转出操作时，ChatGPT 可自动地与客户进行交互式对话，根据客户的回答来甄别其合理性，帮助银行快速进行风险侦查。

（3）产品推荐：ChatGPT 通过分析客户交互数据，推荐和客户需求相匹配的金融产品，如理财产品、投资策略、信用卡等。这有利于银行促进客户的投资行为，同时增加他们的财富管理收入。

（4）反欺诈：在客户账户出现异常交易行为时，银行可以通过 ChatGPT 中的机器学习算法快速识别交易风险，并自动化地传输给银行风险控制部门。这有助于银行快速发现欺诈行为，确保客户账户的资金安全。

（5）智能营销：ChatGPT 可以在客户购买银行产品之后，通过信息收集，形成系统模型，进行系统化的数据分析和归类，从而以短信、微信、邮件等方式智能化地推送针对性产品和服务，提高银行的销售和提高客户信任。

（6）自助开户：ChatGPT 可以帮助银行开展线上自助开户业务，在快速验证用户身份和收集用户信息的同时，提高客户体验。

（7）贷款申请：银行可以在官网和 APP 上集成 ChatGPT 来帮助客户了解贷款申请流程、利率、担保等相关信息，提高贷款申请成功率。

（8）自动理赔：银行可以利用 ChatGPT 帮助客户更快速、更方便地办理退还人员离职金、提取公积金或其他理赔业务。

（9）风险评估：银行可以利用 ChatGPT 来评估客户的风险承受能力和客户偏好，进而为客户匹配比较合理的业务推荐，从而提高银行金融服务质量。

……

以上这些 ChatGPT 在银行业务中的场景攻略只是冰山一角，银行可以根据自身的业务需求和客户服务要求，选择适合自己的应用场景，从而更好地提供服务。

第四节　轻松玩转ChatGPT：自媒体人的必备工具

在自媒体行业中，ChatGPT可以有以下比较典型的应用攻略：

（1）文章生成：ChatGPT通过机器学习算法生成高质量的内容，包括文章、摘要和标题。这种自动生成的内容经过人工审核和过滤后，可以满足自媒体的市场需求，并帮助提高文章的阅读量。

（2）文章审查：ChatGPT可以快速检查自媒体发布的内容质量和敏感性，并提供改进建议。然而，由于ChatGPT不能取代人工审核，因此需要编辑进行终审。

（3）词库拓展：ChatGPT提供智能词汇库，可以帮助自媒体编辑扩大词汇库，用于写作时查找同义词、反义词和相关词等。

（4）模拟对话：ChatGPT可以生成对话，帮助作者揭示人物之间的对话，并将对话直接转化为文字内容。

（5）快速回复：ChatGPT能够快速回答用户的问题或需求，解决用户疑问，提高用户满意度。但同样需要人工审核，避免不当回复的出现。

（6）新闻编辑：ChatGPT可以快速获取大量新闻，并帮助自媒体编辑进行新闻简化和撰写新闻摘要。但需要进行人工编辑和审核，以避免出现不当新闻内容的问题。

（7）校对编辑：ChatGPT 可以帮助自媒体编辑快速发现文章中的错别字、语法错误等问题，并快速解决，提高文章的质量。此处仅为一种辅助检查手段，仍需要编辑进行终审。

（8）思路拓展：自媒体编辑可以通过 ChatGPT 来寻求更广泛的思路拓展，以提高文章的吸引力。ChatGPT 可以为编辑提供词汇搭配和相关内容的建议，但需要编辑进行人工思考和判断。

（9）数据分析：通过整合自媒体的数据，ChatGPT 可以帮助编辑分析订阅量或阅读量等内容，发现用户偏好并改进相应策略。然而该数据分析仍需要编辑进行分析和判断。

（10）搜索引擎优化：通过理解 SEO 的标准，ChatGPT 可以为自媒体带来更多的搜索流量，提高文章的曝光率。但需要人工审核，以确保内容符合搜索引擎的标准。

（11）内容推荐：ChatGPT 利用机器学习算法，可以将针对性好的内容推荐给自媒体用户，提高用户的黏性。但仍需要编辑进行人工审核，以避免推荐不当内容。

第五节　ChatGPT：助力科学家高效进行研究的神器

在科研领域，ChatGPT 可以有以下多方面的应用场景：

（1）科研文本处理：ChatGPT 可用于自然语言处理，以帮助科学家处理大量的自然语言文本数据，比如，研究文献、论文、报告等。

（2）语言模型训练：ChatGPT 可用于语言模型的训练，提高其理解和生成自然语言的能力。这对于提高机器翻译和用户聊天机器人的表现非常重要。

（3）问答系统：ChatGPT 可用于问答系统的训练和开发，为研究者和学生提供更高效的问题解答服务。

（4）自动化文章生成：ChatGPT 可以自动生成文章摘要和全文摘要，为研究者提供文章摘要和情报分析来源数据。

（5）自动化报告生成：ChatGPT 可以生成状态报告、项目报告等分析报告，提高学者工作的效率和准确性。

（6）数据分析：ChatGPT 可以用于数据分析，将原始数据转换成易于理解的语言，以帮助科学家快速准确地分析数据。

（7）智能搜索引擎：ChatGPT 可以与搜索引擎技术结合使用，为用户提供更精准的搜索结果，并减少进行多系统搜索的时间和资源。

（8）编辑和审核：ChatGPT 可以用于文档的编辑和审核，例如，在出版社的编辑和校对过程中，为编辑过程提供人工智能支持。

（9）高性能计算：ChatGPT 可以在高级计算中用作任务的一个组成部分，以处理大量的本地计算，如图像处理、数据挖掘、文本分析等。

第六节　教育+AI：打造教育领域的个性化智能化助手

在教育领域中，ChatGPT 可以有以下方面的应用场景：

（1）人工智能辅助教学：ChatGPT 可用于辅助教学，通过生成自然语言的方式来帮助学生更好地理解教学内容。

（2）自适应性学习：ChatGPT 可根据每个学生的不同需求和学习进程，制订课程规划，帮助学生更快地掌握知识点。

（3）语言模型训练：ChatGPT 可用于语言模型的训练，从而提高学校系统中聊天机器人的表现，使其更适合帮助学生和教师。

（4）作文辅助：ChatGPT 可辅助作文，为学生提供写作建议和编辑指导，提高学生写作的效率和准确性。

（5）校园智能客服：ChatGPT 可帮助学校创建智能客服系统，为学生和家长的咨询提供快速、准确的响应。

（6）考试辅导：ChatGPT 可辅助教师设计考试，提供更好的学习和测试环境。

（7）学生作业自动评分：ChatGPT 可配合自动分级和打分技术，实现学生作业自动评分，减轻教师的工作负担。

（8）聊天机器人：ChatGPT可用于教育领域的聊天机器人，为学生和教师提供常见问题的答案和学习指导。

（9）图书馆咨询：ChatGPT可应用在图书馆咨询系统当中，解决读者的问题，快速响应读者咨询，提高工作效率。

（10）开发学生指南：ChatGPT可自动生成学生指南，提供有关课程、考试、选课等详细信息。

（11）学校网站助手：ChatGPT可集成在学校网站上，帮助学生和教师快速找到需要的信息和资源。

（12）课堂反馈系统：ChatGPT可向学生提出问题，评估他们的理解程度，从而更好地帮助教师调整教学计划和课程内容。

（13）程序和代码练习：ChatGPT可设计可交互式的测试题和程序练习题，以支持学生更高效和个性化的编程学习。

（14）学生心理状况检测：ChatGPT可以按照学生的写作内容，检测学生的心理状况，提供相关的心理咨询和指导。

……

第七节　ChatGPT：医生的新助手，如何在医疗保健中使用它？

在医疗保健领域中，ChatGPT 可以有以下方面的应用场景：

（1）患者交流：ChatGPT 可以作为智能客服，接待并处理患者的医疗问题，从而有效减轻医务人员工作量。

（2）语音识别：ChatGPT 结合语音识别技术，可实现手术实时记录、自动护理提醒等。

（3）患者健康管理：ChatGPT 可辅助患者进行健康管理，提供各种健康知识、生活习惯、运动建议等。

（4）医疗诊断辅助：ChatGPT 可以对医学数据加以简单处理后，提供给医务人员使用，在辅助医疗诊断方面发挥重要作用。

（5）语言模型训练：ChatGPT 可以用于语言模型的训练，提高机器理解和生成医疗领域自然语言的能力。

（6）转诊系统：ChatGPT 可以帮助医生对患者病情进行诊断，在必要时自动向流转系统发出转诊请求。

（7）语音病历：ChatGPT 可以将语音信息实时转化为文字内容，从而建立病历。

（8）病患教育：ChatGPT 可以预先设置好常见疾病的问答，从而帮助医生与患者沟通时生成相应的问题解答，让患者更好地了解并学习疾病知识。

（9）翻译服务：ChatGPT可以为不同语言的医患提供翻译服务，从而帮助医疗人员和患者消除沟通方面的障碍。

（10）心理健康咨询：ChatGPT可用于心理健康咨询，给予安慰和指导等。

（11）远程医疗：ChatGPT可用于远程医疗，帮助医疗资源缺乏的地区，提高医疗服务水平。

（12）医院机器人服务：ChatGPT可以应用于医院机器人服务，如在进行智能引导、查找地点、语音提醒等方面提供支持服务。

第八章
ChatGPT商业价值实践

ChatGPT 不仅在提高人们的工作效率和生活质量方面发挥着重要的作用，还为企业和个人带来了新的商业机会和变现能力。本章将从多个角度全面探讨如何用 ChatGPT 实现商业变现，包括 ChatGPT 技术的优势与变现能力、它带来的赚钱机会、在文本生成方面巨大的变现潜力、各行业不同场景中用 ChatGPT 变现的方式，以及一个企业可以以多少种方式用 ChatGPT 来盈利。希望本章可以为你提供一些实用的思路和方法，帮助你更好地利用 ChatGPT 技术实现商业变现。

第一节　ChatGPT的优势与变现能力

ChatGPT 作为拥有巨大价值且十分流行的新生事物，面对中国的市场需求和不顺畅的连接造成的短缺，只要通过某种包装或连接，把它的信息流直接或间接地导向蓝海市场，就能直接获得连接收入或间接获得广告收入。这就是 ChatGPT 在中国变现的市场基础，由它而生的所有商业变现的创意都由此而来。

为了增强用 ChatGPT 来变现的信心，让我们先来回顾一下它相较其他语言类人工智能所拥有的巨大优势。

1. 巨大的模型规模和训练数据量

ChatGPT 是基于 GPT-3，以及从它继承和进化而来的 GPT-4 的模型架构，模型规模达到 175 亿个参数，GPT-4 的参数更是接近万亿，且两者都使用了大量的开放网络数据进行训练。这意味着 ChatGPT 具备了世界上最强大的 AI 表达能力和推理能力，能够自然流畅地进行对话，处理陌生而复杂的自然语言任务，其处理结果多数时候还物超所值且发展迅速，不断进化，拥有无限潜力和美好前景。

2. 零样本学习

这是一种类似人脑才有的学习技能，就是在不需要刻意训练的情况下，可以通过上下文并结合以前的知识，来理解并生成新的自然语言内容。在与 ChatGPT 的沟通过程中，凡是发现它一本正经地胡说八道时，其实就是它刚刚经历了零样本学习的决策过程。通俗地说，零样本学习是一种机器学习的技术，它的目标是在没有训练数据的情况下，从其他相关数据中学习的能力。如果用生活中的事例来比喻的话，这就像一个人只吃过鱼和牛肉，但从未尝试过鸡肉。这一天他见到了鸡肉，因此他先根据自己所感知到的鸡肉特征（例如，颜色、质地和气味等），猜测鸡肉味道可能是什么样子，这就是零样本学习。虽然以前没有体验过鸡肉的样本——没吃过鸡肉，但是从其他经验中推论出鸡肉可能的口味，从而学到知识。

3. 多语言支持

ChatGPT 可以处理多种语言的自然语言输入和输出，而无须重新训练模型。这使得 ChatGPT 能够为全球范围内的用户提供自然、流畅的对话服务。

4. 长期记忆和上下文理解

ChatGPT 具备长期记忆能力和上下文理解能力，可以通过分析上下文、理解对话话题等方式更好地处理复杂的自然语言任务。这使得 ChatGPT 能够更好地处理对话中的歧义、逻辑和情感等因素。

这里所说的长期记忆，指的是上下文的长期记忆。以人类为例，当我们在阅读一篇长文章或小说时，我们需要记住前文的内容，才能理解后面的句子和段落。如果一个人正在写一篇小说，关于他小时候去钓鱼的经历，他可能会在文章的后面提及一些关于那个钓鱼地点的细节，比如，"湖边树木是如此郁郁葱葱，所以我们可以一边垂钓一边遮阴避暑"。如果我没有记住之前的内容，我们可能不会完全理解这个细节，更不用说这个小说原本的情境。

　　ChatGPT 用来生成语句时的机制也是这样，每个单词生成的同时，ChatGPT 都要考虑之前单词的语境，并在新生成的部分中融入之前的语境。在这里，模型能够"记住"在文本序列中已经看到的单词和内容，这些信息可以在后面的生成中起到关键的作用。因此，ChatGPT 使用的"长期记忆"机制，就好像人们在阅读和写作时，必须在思考后面内容的同时，记住之前的内容一样。当你使用 ChatGPT 进行文本生成时，该模型可以利用前面的语境信息，来生成接下来的语言，就好像人们以某种方式利用其过去的经验和知识，来推断之后要发生的事情一样，从而实现了"长期记忆"的能力。

5. 可解释性

　　ChatGPT 不仅可以生成自然、流畅的对话内容，还可以通过输出的概率分布和 Attention 机制等方式解释模型的决策过程。这为 ChatGPT 的应用和改进提供了更好的基础。

　　虽然 ChatGPT 本身并没有直接的变现能力，但是用 ChatGPT 变现的潜力，就在于它可以用于开发各种应用程序和解决方案，这些应用程序和解决方案可以在商业上进行变现。

　　例如，ChatGPT 可以用于开发聊天机器人、智能客服、自然语言生成等手机或电脑的应用程序、微信聊天小程序，这些应用程序可用于企业客户服务、内容生成和营销等方面，从而实现商业变现。

第二节 ChatGPT：你赚钱的AI利器

ChatGPT 是一种附加值很高，而服务端的价格又很低的服务。因此，用它来赚钱，首先赚的一定是服务的钱，其次赚的是对相关需求进行挖掘的钱。

ChatGPT 服务的第一波赚钱机会，已经被微软和 OpenAI 抢走了。OpenAI 通过订阅 ChatGPT Plus 会员模式，赚走了第一波钱，也设定了行业生态的进入成本，同时还为其他想赚 ChatGPT 钱的人进行了示范。

自 ChatGPT 推出以来，世界上已经有了很多用它赚钱的模式，比如以下这些：

1. 包装 ChatGPT 赚钱

许多人想用 ChatGPT，但是有困难，用不上，因此微信上就出现了许多把 ChatGPT 包装起来的小程序、公众号。与此同时，抖音上开始出现很多包装了 ChatGPT API 的手机软件推荐，仅"AI 百晓声""Chat Bot"这两种软件的推荐，我每天都要接收到很多次。

2. 集成 ChatGPT 赚钱

在第六章中，我们已经约略窥见企业实施部署 ChatGPT 有多么复杂，然而那还只是其复杂性的冰山一角。ChatGPT 的革命才刚刚开始，为企业或个人集成 ChatGPT 的市场还是一片蓝海，赚钱的机会比比皆是。

3. 软件赚钱

微软把 ChatGPT 集成到了必应搜索引擎中，还集成到了其旗下一系列的办公软件工具中，谷歌把生成式 AI 装进其 Workspace "全家桶"里面，Cursor 的代码编辑器也集成了 GPT-4 而变身成超强编程器……这些集成既是示范，也是趋势。个人和企业软件可以通过把 ChatGPT 集成到软件中来提升其价值，助力推广和盈利。

4. 教育赚钱

ChatGPT 是一个最好的自学工具，是最循循善诱的老师，是懂多国外语的老外，是无所不知的专家，是善于讲故事的长者，是让孩子开阔眼界的科学家，是令孩子喜欢而不是讨厌的知心人……因此把 ChatGPT 包装成可以帮助家长教育孩子的服务软件，是一个很好的赚钱机会。

5. 提问赚钱

将 ChatGPT 用好的核心是提问，美国已经有了 Prompt（提示词）这样的新职业，Github 上也已经有专门收集提示词的开源项目（如最著名的 awesome ChatGPT prompts）。把它们做成学习材料喂给小模型，让用户通过一个关键词来生成全套提示词，可以赚钱；自己变成提问大师，可以赚钱；用结构化良好的问题来让 ChatGPT 帮你写广告文案、抖音文案或微信公众号文章，可以赚钱；通过提问，让 ChatGPT 协助提高写作网络小说的效率，可以赚钱；通过提问帮别人写论文或文章，可以赚钱；通过提问……总之，ChatGPT 的价值完全取决于使用者的提问水平。

6. 写代码赚钱

GPT-3 写代码的能力很强，GPT-4 比它还强 10 倍。作为程序员，你可以问 ChatGPT 任何问题，它基于 Github、Stack Overflow 等源码网站数据的回答，速度快，正确率高，同时还能根据你的要求迅速生成代码。无论打工还是创业，吃透 ChatGPT 的编程能力，都能极大地提高效率，带来赚钱的机会。

……

用 ChatGPT 赚钱的机会还有很多，比如，生成文本变现。我们下一节就专门谈谈这个事。

第三节　ChatGPT：新兴生成文本变现方式的领导者

ChatGPT 适用于生成各种文本内容。以下列举了一些用 ChatGPT 生成文本的变现途径和方法：

（1）用 ChatGPT 生成短视频脚本，比如，生成抖音或 YouTube 视频脚本。你可以对 ChatGPT 说，"你好。请制作一个两分钟的抖音视频脚本，介绍世界上减肥最有效的三种方法"，它会帮你很快生成一段视频脚本，如下：

音乐：Background upbeat music

字幕："世界上减肥最有效的 3 种方法"

场景：打开书本，拿起笔

我："嘿，大家好！今天我将给你们介绍世界上减肥最有效的三种方

185

法。如果你正在为自己的体形感到烦恼，那么这个视频一定适合你。"

字幕："① 控制饮食"

场景：摆放着各种食品的餐桌

我："第一种方式是控制饮食。这似乎很简单，但是实际上这需要一个非常严格的饮食计划。这意味着要做好菜肴的计划，每天摄入适量的蛋白质、碳水化合物和脂肪。此外，你还需要避免吃垃圾食品，如薯片、糖果和高热量的零食。"

字幕："② 坚持运动计划"

场景：人物在健身房里做运动

我："第二种方式是坚持运动计划。要保持健康和减肥，一个人每周需要至少进行150分钟的有氧运动，2次强度较高的力量训练。这对于减少脂肪、塑造肌肉非常重要。"

字幕："③ 睡眠质量"

场景：人物关闭闹钟，起床

我："最后一种方式是关注你的睡眠。虽然睡眠似乎不起眼，但它对减肥非常重要。如果你每晚只能睡几个小时，那么身体就会感到疲劳和紧张。这会导致身体产生压力激素，会使你更加想吃零食等高热量的食物。因此，保证有足够的睡眠，绝对是减肥的必要步骤之一。"

字幕："总结"

场景：我持稿纸说话，形象大方得体

我："这就是世界上减肥最有效的三种方法。如果你能坚持这些方法，肯定能看到成效。感谢大家收看此视频，别忘了在评论中分享你们减肥的方法或经验。再见！"

以上这个脚本如何？它是在问题提出后 3 秒钟之内生成的。就这一项，你就能挣到不少钱。

（2）让 ChatGPT 帮你生成视频简介。比如，对 ChatGPT 说："请就刚才的视频脚本，写一篇具有推广性的视频简介好吗？" ChatGPT 马上能写出一篇几百字的煽情简介：

◎ 当今世界，减肥已成为美容美体的重要一环。但是，你知道如何最有效地减肥吗？……（以下略去 300 多字）

你再对 ChatGPT 说："再请将这个简介缩减到 60 字以内好吗？"

结果它回答：

◎ 想要了解世界上最有效的减肥方法吗？观看这个 2 分钟的抖音视频，学习三种最实用的方法，从今天起改变你的生活……（以下略）

别忘了在抖音中，视频简介对视频的搜索和推荐是很重要的哦。

当然，还有很多用 ChatGPT 生成文本变现的方法。限于篇幅，以下简单罗列这些方法：

（3）用 ChatGPT 帮助生成关键词、标题，优化搜索，吸引点击；

（4）用 ChatGPT 为社交媒体平台发布推文；

（5）用 ChatGPT 生成网站文案；

（6）用 ChatGPT 帮助写作相关的新闻摘要；

（7）用 ChatGPT 为电商平台生产商品描述；

（8）金融领域用 ChatGPT 自动化写作证券报告；

（9）用 ChatGPT 生成法律文件和契约；

（10）用 ChatGPT 生成房地产领域的房产描述；

（11）用 ChatGPT 生成农业领域的天气预测和农作物推荐；

（12）用 ChatGPT 生成旅行社和酒店行业的旅行指南和酒店信息推荐；

（13）用 ChatGPT 生成大数据分析中的文本描述和报告；

（14）用 ChatGPT 生成游戏领域中的角色对话和任务提示；

（15）用 ChatGPT 生成人力资源管理领域的招聘广告和职位描述；

（16）用 ChatGPT 帮助写教育领域的文章和教材内容；

（17）用 ChatGPT 帮助写媒体与娱乐领域的剧本和作品阅读；

（18）用 ChatGPT 帮助写政府机构中的政策文件和政务公文。

……

用 ChatGPT 生成文本变现的途径还有很多，读者可以结合自己的需要搜索到大量相关的创意。

第四节　不同应用场景中ChatGPT模型变现方式

为了增加趣味性，在本节中，我将变身为一个市场研究的资深专家，专注于 ChatGPT 的市场推广。

这一天，我回到公司参加董事会，向在座的 28 名董事汇报自己收集汇总的有关世界各地不同应用场景中 ChatGPT 模型的变现方式。

以下是我的汇报内容：

尊敬的董事们，你们好！

作为本公司针对 ChatGPT 的市场研究专员，我的任务是收集和分析 ChatGPT 的各种市场推广数据，并制定相应的策略。今天，我想向你们汇报的内容，是有关世界各地不同应用场景中 ChatGPT 模型的变现方式。

ChatGPT 模型是一种基于 AI 技术的聊天机器人模型，可以在多种场景下应用，为用户提供个性化和高质量的服务。以下是我简要总结的来自不同国家和领域的 ChatGPT 模型的变现方式：

1. 社交娱乐

在社交娱乐场景中，ChatGPT 模型被用作虚拟人物，以参与性互动和情感支持形式出现。变现方式包括资费计费（如提供虚拟礼物、免费试用时间段）和广告营销（如虚拟品牌代言）。

2. 金融服务

在金融服务领域，基于 ChatGPT 的问答机器人，被用来处理常见问题并回答客户咨询。变现方式包括基于问答系统的费用提成，集成第三方营销系统并提供附加金融服务和增值服务的收入等。

3. 医疗卫生

在医疗卫生领域，基于 ChatGPT 的机器人通常被用来提供医疗解决方案，如咨询医疗支持和药物管理。变现方式包括按照交互的次数计费、与医疗保险公司合作提供增值服务和基于广告的营销。

4. 零售业

在零售业领域，基于 ChatGPT 的聊天机器人可以被用来推广产品，处理客户服务问题并回答常见问题。变现方式包括按照交互的次数计费，以及将推广信息植入聊天提示中，从而获取推广费用。

5. 教育协助

本领域中，ChatGPT 可以用于提供基于角色扮演的、学生所需的、更加丰富的教育协助。基于 ChatGPT 的角色扮演，可以通过销售课程、应用推广收费、认证证书等提供变现方式。

6. 电子商务

在电子商务领域，基于 ChatGPT 的聊天机器人，可以处理客户反应和回答常见问题。变现方式是通过 ChatGPT 收集反馈并为顾客解答，也可以建立一个虚拟购物助手并引流客户，长期建立用户关系。

7. 文化 / 旅游体验

ChatGPT 的机器人可以作为文化旅游体验的一种形式，提供相应的文化咨询和信息服务。变现方式是可以通过分析、处理用户的反馈和支持等，提供相关的广告推广。

8. 个性化医疗方案

基于 ChatGPT 的聊天机器人，可以用于提供个性化医疗方案的信息，从而为患者提供更好的医疗体验。变现方式是，ChatGPT 的聊天机器人可以通过和药房、医疗公司进行合作，提供相应的个性化方案，并获得推广营销费用。

9. 员工培训

基于 ChatGPT 的角色扮演，可以用于提高员工的业务素质和知识水平。变现方式是，角色扮演通过公司内部职业培训的方式提供，由企业提供投资支持。

10. 智能家居

ChatGPT 可以被嵌入智能家居系统中，执行家庭相关任务和提供相关的咨询。ChatGPT 可以通过智能家居设备的推广合作获得相应的盈利收益。

11. 语言翻译

基于 ChatGPT 的翻译服务是一个快速发展的新领域，可以将人机交互的翻译服务注入现存的平台。翻译服务可以通过按字数计费，类似于其他翻译服务的模式获取盈利。

12. 个人代理

基于 ChatGPT 的虚拟代理，可以代表个人进行一些事务、交流和查询等。通过提供高级代理服务、个人管理服务等方式从中获取收益。

13. 健康管理

基于 ChatGPT 的聊天机器人，可以用于提供运动咨询、身体调节等方面。变现方式是通过提供增值包或者附加服务获得收益。

14. 律师服务

基于 ChatGPT 的聊天机器人可以作为一个入门级的律师服务，处理普通问题，从而提高律师的工作效率。变现方式是通过按照回答的询问数量和添加附加服务的方式来获得收益。

总之，ChatGPT 模型可以在多个领域中应用，并创造各种不同的商业机会。上述罗列的数据仅供参考，我们仍需要通过进一步的研究来了解最合适的变现方式。

第五节　ChatGPT催生新商业模式：企业如何有效变现？

对于一家企业来说——我们假定这家企业叫作"大麦公司"，可利用ChatGPT赚钱的方式是很多的。企业的产品和服务越多，可集成ChatGPT的项目就越多，以满足内部和外部客户的不同需求，提高绩效，直接或间接地获得收益。

现在我们假设大麦公司正在积极实施部署ChatGPT项目，并取得了一些项目的成功。

大麦公司的产品和服务，涉及智能手机制造、智能电动车制造、人形机器人制造、智能家电制造（如智能电视等）、智能残障用品制造、智能影像产品生产、笔记本电脑和平板电脑制造、智能穿戴制造、智能路由器制造、电源配件制造以及智能社区服务等。那么，我们就可以设想出多种ChatGPT的可盈利项目，比如，下面的这些项目：

1. 智能售后客服系统

基于ChatGPT的智能售后客服系统，能够实时地回答消费者的问题，并提供解决方案。通过使用该系统，大麦公司能够大幅提高售后服务的效率和准确性，客户满意度也得到了显著提升。该项目的盈利方式，一是极大地减少了这方面人力资源的费用；二是服务费用，客户可以选择购买使

192

用系统，或者按次数付费。

2. 智能质检系统

基于 ChatGPT 的智能质检系统，能够自动检测产品质量，并给出检测报告。该系统能够减少人工质检的时间和成本，并提高质检的准确性。该项目的盈利方式，除极大地减少了人力成本外，还有系统使用费用，客户可以选择购买使用系统，或者按使用次数付费。

3. 智能人事招聘系统

基于 ChatGPT 的智能人事招聘系统，能够自动分析简历，并进行初步筛选，大幅提高人才招聘的效率。该项目的盈利方式为服务费用，客户可以选择购买使用系统，或者按次数付费。

4. 智能电视语音助手

基于 ChatGPT 的智能电视语音助手，能够通过语音指令控制电视的开关、音量、频道等，同时也能够提供语音搜索、智能推荐等功能。该项目的盈利方式为电视销售，该系统被嵌入智能电视中销售。

5. 智能生产线监控系统

基于 ChatGPT 的智能生产线监控系统，可以利用 ChatGPT 模型识别和分类生产线上的故障，帮助工人快速解决问题，提高生产效率。

6. 智能客服机器人

该机器人使用 ChatGPT 模型来识别和分类客户的问题，并为客户提供快速的解决方案。该项目带来了更好的客户满意度和更高的客户保留率。

7. 智能预测销售系统

集成了 ChatGPT 的智能预测销售系统，是与大麦公司的销售团队合作开发的。该系统使用 ChatGPT 模型分析历史销售数据和市场趋势，帮助销售团队做出更准确的销售决策。

8. 智能电动车故障检测系统

智能电动车故障检测系统，是与大麦公司电动车制造业务部门合作开发的。该系统利用 ChatGPT 模型检测和分类电动车上的故障，帮助技术人员快速解决问题，提高了生产效率。

9. 智能电视广告推荐系统

大麦公司的智能电视业务部门与设计部门合作，设计了一款智能电视广告推荐系统。该系统利用 ChatGPT 模型分析用户的观看习惯和偏好，推荐更具吸引力的广告。

企业利用 ChatGPT 赚钱的方式还有很多，需要根据自身的业务种类和特征，结合 ChatGPT 的优势来打开思路，以创新的方式开发更多利用 ChatGPT 赚钱的方式。

第九章
ChatGPT企业梳理

ChatGPT 的横空出世，使搜索引擎公司首先不踏实了。搜索即提问——ChatGPT 最先要颠覆的对象就是搜索引擎业务。

那么，究竟哪些企业正在研发该产品？哪些企业会因之而受益？老牌公司与创业企业，哪些业务会蒸蒸日上？哪些又会濒临破产？

本章中，我们将对那些处在风口浪尖上的相关企业进行一番梳理，使纷杂的场景明晰一些。

第一节 通用型：百度、阿里巴巴、腾讯、京东、小冰的ChatGPT梳理与总结

1.百度

作为知名的搜索引擎公司，ChatGPT 的推出，尤其是集成了 GPT-4 的微软新必应搜索引擎的推出，收窄了百度搜索引擎生存的时间窗，因此百度所面临的压力和挑战是不言而喻的。

此前，谷歌一度是百度最强的对手。但得益于谷歌退出中国，百度获得了发展的机遇。

而此次微软的升级，同样一度造成了百度搜索业务的大量流失。但好在 ChatGPT 还无法连入中国地区，而微软必应最近又不知是什么原因无法访问了，网页上普遍发生了"重定向次数过多"的错误信息。无论如何，百度又幸运地获得了一个发展的时间窗，并且在 2023 年 3 月 16 日推出了对标 ChatGPT-4 的"文心一言"。

文心一言，英文名 ERNIE Bot，是百度全新一代知识增强大语言模型，在功能上对标 ChatGPT-4，能够与人对话互动，回答问题，协助创作，帮助人们获取信息、知识和灵感。但百度在发布文心一言后，并未将之公开上线，而是发起了内测，人们需要报名等待方可试用。据用过的人说，文心一言的功能大概可以对标 GPT-2，其实这已经是极大的成绩了。

2. 阿里巴巴

2023 年 2 月 8 日，澎湃新闻记者从阿里巴巴处获悉，阿里版聊天机器人正在研发中，目前处于内测阶段。阿里方面人士表示："后续如有更多信息，会第一时间同步。"

此前就有媒体报道，阿里达摩院正在研发类 ChatGPT 的对话机器人，从曝光截图来看，阿里巴巴可能将 AI 大模型技术与钉钉生产力工具深度结合。据报道，此前有用户曾在钉钉中导入 OpenAI 的 ChatGPT，发现不仅可以成功导入，而且钉钉开放的 API 接口还可以导入更多的 AI 机器人，甚至可以导入用户自己开发的。因此有媒体推测，阿里达摩院研发的 AI 对话机器人，可能将率先用于钉钉这种生产力类型的工具软件中。

3. 腾讯

腾讯的人工智能技术涉及大量领域，如语音识别与合成、自然语言处理、计算机视觉、强化学习、推荐算法等。他们的 AI 产品包括但不限于微信智能接口、腾讯 AI 开放平台、腾讯翻译、腾讯云智能对话等。另外，腾讯还在人工智能技术的研究与开发方面投入了大量的人力和财力。面对火爆的 ChatGPT 风潮，腾讯表示："在相关方向上已有布局，专项研究也在有序推进。基于此前在 AI 大模型、机器学习算法以及 NLP 等领域的技术储备，腾讯将进一步开展前沿研究及应用探索。"

4. 京东

京东已经开展了多个人工智能语言处理和聊天机器人项目，其中又以用于智能客服服务的人工智能聊天机器人"言犀"最受欢迎。这是京东智能人机交互平台，是京东已经上线的服务，在抖音上有不少主播使用。目前，京东的"言犀"人工智能应用平台已经确定要聚焦文本、声音等 4

方面。

5. 小冰

小冰是由微软游戏工作室开发的微软语音助手，可实现自然语言服务，如基于图片的聊天、语音识别、语音合成等。目前，小冰在中国的受众范围非常广泛，因为她还有其他身份，一个身份是夏语冰同学，这位同学只花了 22 个月，就学习完了人类艺术历史上 400 年 236 位画家的画作。在 2019 年 5 月 1 日，她正式参加了中央美术学院研究生毕业展，与其他沉浸在艺术世界十数年的同学一起展览作品。小冰可以在一定水平上理解人类语言，因此已经学会了做命题绘画。她在接收到文本或其他创作源刺激后，可以独立完成原创的绘画作品。小冰的绘画作品不是随机的画面生产，也不是按照现有的照片或者图片进行风格迁移或者滤镜处理，它与市面上常见的绘画模式不同，是"完全原创"的绘画。

小冰的另一个身份是歌手，这是以小冰框架下语音合成引擎为基础制作的一款 AI 中文女歌手虚拟形象，是以中文为演唱语言的 X Studio 中文 AI。因此小冰比 ChatGPT 的资历老得多，小冰公司和微软的渊源也更复杂。

第二节 "躺赢型"：汉王、云从科技、知乎、美图的ChatGPT梳理与总结

伴随 OpenAI 公司 ChatGPT 的上线，一些公司还没做什么动作，就稀里糊涂地"躺赢了"。

1. 汉王

汉王是一家专注于手写识别、OCR 及自然语言处理技术的科技公司，其自然语言处理技术主要应用于语音识别和机器翻译。

ChatGPT 推出 2 个多月后，汉王科技乘上 ChatGPT 概念快车，自 1 月 30 日起连续收获 7 连板，即便在收到关注函后的第 8 个交易日（2 月 8 日），也持续走高几乎再触涨停。

在公司官网，汉王科技给自己的定位是国内人工智能产业的先行者。当 ChatGPT 智能聊天机器人"光速出圈"，汉王科技也受到关注，股价随之上涨。

汉王科技和 ChatGPT 究竟有何关联？在投资者活动平台，汉王科技称，公司是业内较早进行 NLP（自然语言理解技术）技术研究的企业，目前技术范围已覆盖包括文本分类、信息抽取、知识抽取、机器问答、文本生成、机器翻译等，并且取得了一定的成绩。汉王科技在机构调研中进一步表示，ChatGPT 是一个通用的大模型，而生成式模型作为一个黑匣子，仍然具有结果不可控的特点。相对而言，公司基于自身在 NLP 技术领域的全面性以及长期在行业的深耕，对不同行业客户的数据特点、业务需求的理解更为深刻。在项目磨炼中，已经形成自身独有的算法模型，更能为行业客户提供满足需求、输出结果更为专业精准的专业化模型，并在一些项目中已经落地并得到实践验证。

2. 云从科技

云从科技是一家总部位于广州的人工智能科技公司，旗下产品阿尔法狗对话系统应用自然语言处理技术，可实现用户问答、对话和聊天等功能。该公司还推出了基于 AI 技术的知识库和数据挖掘平台，帮助提高企业的智能化水平。

2023 年 1 月 30 日—2 月 8 日，云从科技股票累计涨幅 107.41%，并在 2 月 8 日收到交易所下发的监管工作函，这家主营人机协同操作系统和行业解决方案的人工智能公司关注度陡增。面对突如其来的关注，云从科技公告称，未与 OpenAI 开展合作，ChatGPT 未带来业务收入。

3. 知乎

知乎是一家中国知名的在线知识社区，目前它的 AI 技术主要用于搜索和推荐方面，使用户更方便快捷地获取所需信息。该公司还推出了名为"知乎语聊"的产品，这是一款面向知乎用户的聊天室，可进行在线互动和交流。

2023 年 2 月 8 日，微软集成 ChatGPT 技术的新版必应上线，人们发现必应的回答内容中，有不少答案来自知乎。当天午后，知乎股价一度涨超 56%。有人认为知乎是国内最大的在线问答社区，这是 ChatGPT 技术天然的应用场景。

目前，知乎并未推出聊天机器人产品。

4. 美图

美图的主营业务是手机应用和移动在线社交。美图开展的 AI 技术主要应用于图像处理和人脸识别方面，业务方面与 ChatGPT 关联并不大。但随着 2023 年 3 月 17 日港股 ChatGPT 概念涨幅扩大，美图公司的股价也涨超 6%。

第三节　纵深型：360、奇安信、网易有道、旷视的ChatGPT梳理与总结

中国必须发展自己的 ChatGPT 服务，以避免对国外同类服务的依赖。360 等公司在此方面亟待发展，以纵深匹配其主流业务。

1. 360

360 是国内较为知名的网络安全公司，其自然语言处理技术主要集中在智能语音识别、语音合成和机器翻译等方面。尽快推出类 ChatGPT 技术的 demo 版产品，是 360 的最新计划。

2023 年 3 月下旬有消息称，360 也已经推出了类似 ChatGPT 的产品，并已在内部办公软件"推推"上线。这款类 ChatGPT 机器人助手，名叫 MasterYoda。

MasterYoda，可以音译"尤达"。此词来源于梵语，有"战士"之意。其实，MasterYoda 是《星球大战》系列作品中的重要人物，曾担任过绝地武士团最高大师。

据悉，360 的 MasterYoda 整体基于 GLM-130B 语言模型开发，该模型由清华大学联合智谱 AI，在 2022 年 8 月向研究界和工业界开放，是拥有 1300 亿参数的开源开放双语（中文和英文）双向稠密模型。MasterYoda 由周鸿祎亲自带队、人工智能团队实际推进，已参与 360 多款产品的设计和

开发，包括 360 问答机器人、360 文档机器人、360 搜索机器人等多个领域。目前，MasterYoda 只在少数部门上线，员工已可以从"推推"的好友列表中进行查看，后续权限开放范围将进一步扩大。

与最新的 GPT-4 模型和百度文心一言不同的是，当前 MasterYoda 只针对用户的问题和要求提供适当的文字答复和支持，暂时还不支持图片输出。

3 月 15 日，周鸿祎在直播中透露了公司的人工智能发展战略，称"360 将'两翼齐飞'，一方面继续全力自研生成式大语言模型技术，造自己的'发动机'；另一方面将占据场景做产品，尽快推出相关产品服务"。

他透露，360 将借鉴微软与 OpenAI 能力结合所推出的新必应模式，推出新一代智能搜索引擎，并基于搜索场景推出人工智能个人助理类产品。

2. 奇安信

奇安信是中国网络安全行业的顶尖公司之一，其自然语言处理技术主要应用于智能安全检测和网络攻击防御等领域。该公司的人工智能能够识别和分析大量的安全数据、日志和交互，以帮助企业提高网络安全性。

AI 时代的安全问题本就复杂，ChatGPT 也同样需要安全解决方案。奇安信人工智能研究院正基于 ChatGPT 相关技术和自身安全知识和数据，训练奇安信专有的类 ChatGPT 安全大模型。未来将广泛应用于安全产品开发、威胁检测等领域。

奇安信也在智能家居方面推出了名为"安全管家"的智能语音助手产品，可进行语音控制和智能语音识别，如儿童模式、电话拨打等功能。

3. 网易有道

网易有道是一家以在线翻译和语言学习为主的公司，其自然语言处理技术主要应用于在线翻译、语音识别和智能写作等方面。网易有道的翻译服务使用了多种翻译技术，包括机器翻译和人工翻译。同时，其语音识别技术和智能写作技术也在不断拓展和提高。

垂直赛道的企业应推出垂直领域的 ChatGPT 类产品。网易有道围绕的是在线教育场景，已推出的 AI 口语和作文批改等相关产品，大量使用了人工智能相关技术。未来，网易有道将推出 ChatGPT 同源技术相关的 demo（原型）版产品。

4. 旷视

旷视科技是中国领先的人工智能公司之一，其自然语言处理技术主要应用于智能语音识别和机器翻译等领域。该公司的产品被广泛应用于安全监控、自动驾驶和人脸识别等场景。

ChatGPT 底层的关键技术是生成式大模型，模型设计能力是旷视研究院的核心能力，旷视研究院近几年已经围绕通用图像大模型、视频理解大模型、计算摄影大模型和自动驾驶感知大模型 4 个方向加紧布局。

第四节　边缘型：字节跳动、科大国创、Glow、元语智能的ChatGPT梳理与总结

在 ChatGPT 大红大紫的今天，一些科技公司非常低调，暂无声息，似乎处于这波大风大浪的边缘。

1. 字节跳动

字节跳动旗下的头条新闻、抖音、今日头条等产品中应用了自然语言

处理技术。

从技术上来说，字节跳动是一家最迫切需要应用或集成最先进自然语言处理功能的公司。以今日头条为例，它是一个通用信息平台，拥有推荐引擎、搜索引擎、关注订阅和内容运营等多种分发方式，囊括图文、视频、问答、微头条、专栏、小说、直播、音频和小程序等多种内容体裁，并涵盖科技、体育、健康、美食、教育、"三农"、国风等超过 100 个内容领域，集成 ChatGPT 类服务是最合适的方向。

然而当 ChatGPT 蔚然成风后，字节跳动是为数不多与 ChatGPT 划清界限的企业。针对传闻说"字节跳动的人工智能实验室有开展类似 ChatGPT 和 AIGC 的相关研发，未来或为 PICO（字节跳动旗下 XR 扩展现实品牌）提供技术支持"的报道，字节跳动相关人士向媒体直言，"消息不实。……PICO 目前没有采用类似 ChatGPT 技术的产品规划"。

2. 科大国创

科大国创源自中国科学技术大学，是国内领先的数据智能高科技上市企业，提供以云平台为基础的 IT 整体解决方案与服务，为四大运营商、国家电网、交通、金融、政府、政法、军工、国际等优势行业领域的数智化转型、高质量发展提供了技术支撑。其产品和服务涵盖智慧医疗、IaaS、PaaS、大数据、智慧城市、OSS、智慧校园、智慧建筑等方面，并专注于人工智能技术方面的研发，其人工智能产品和服务覆盖智能语音、智能机器人、自然语言处理等多个领域。ChatGPT 或类似服务，将可以为科大国创的全业务进行强力赋能。

但在 2023 年 2 月，科大国创在公告中明确，截至目前，公司未与 OpenAI 开展合作，与 ChatGPT 无相关业务联系，公司长期专注于数据智能技术的研发和应用，自主研发了智能客服系统。

3.Glow

Glow 是北京稀宇科技有限公司开发的 AI 虚拟聊天社交软件。它能够让使用者与基于 AI 技术创造的"智能体"之间实时沟通、互动并建立情感连接的应用，这些智能体拥有极高的开放度，可以是使用者的虚拟伙伴，也可以是无所不知的百事通。使用者可以持续与他们对话，尝试让对方变成使用者所希望的样子，或者体验其他用户所创造分享的智能体，并开启不同的话题，在社区中找到具有共同爱好的现实伙伴。

从 Glow 提供的服务特征可以看出，Glow 的服务很像 ChatGPT，同时也是最适合用 ChatGPT 为其增值赋能的。比如，ChatGPT 可以在以下方面为其增值：

（1）提供更加智能化的虚拟聊天体验：用 ChatGPT 技术帮助用户更加自然地与智能体沟通互动，让用户体验到更加真实的聊天体验。

（2）进一步提升智能体的个性特征：通过 ChatGPT，智能体可以更好地理解用户的情绪、习惯和行为特征，进一步提升智能体的个性匹配度和用户体验。

（3）支持更加智能的问答服务：ChatGPT 可以为 Glow 接入智能问答服务，帮助用户更快地获得所需信息，加强用户和智能体之间的互动与沟通。

（4）分析并预测用户行为和需求：ChatGPT 可以为 Glow 提供包括用户画像、行为分析到需求预测等多种数据分析，帮助 Glow 进一步提升用户体验和黏性，同时也可为 Glow 提供更有价值的商业模式。

4. 元语智能

伴随 ChatGPT 在国内外的火热，2023 年 2 月 3 日，号称国内首个

"ChatGPT"的中国初创公司元语智能首发 ChatYuan。该公司宣布 ChatYuan 是功能型对话大模型 –API，称其可以用于回答问题、结合上下文对话、做各种生成任务，包括创意性写作、回答法律问题、新冠领域问题等。

但上市没几天，该项目即告暂停。

第十章
ChatGPT应用案例

如今，ChatGPT及类似的自然语言处理技术已经开始在企业中发挥越来越重要的作用。本章将以6家企业的应用案例来阐述类似ChatGPT的人工智能在企业中的应用场景和优势，让我们一起来看看这6家企业是如何利用这些人工智能技术提升业务效率和用户体验的。

第一节　新奥集团通过融合方案实现生产力大幅提升

新奥集团创业起步于 1989 年，其清洁能源生产链贯通下游分销、中游贸易储运和上游生产，同时还有涵盖健康、文化、旅游、置业的产品链。

2020 年年初，新冠疫情暴发。几乎在一夜之间，新奥公司的数千名办公室员工转向在家工作，因此对与远程工作相关的 IT 服务的需求立即飙升，这使公司 IT 人员不堪重负。员工所遇到的问题很多，主要有以下方面：

1.VPN 接入问题

许多远程工作者都需要使用 VPN（虚拟专用网络）来连接公司内部网络，以访问诸如文件、数据库和共享资源等敏感信息。这使得 IT 人员需要更频繁地协助远程工作者解决 VPN 连接问题，例如，连接断开或无法建立连接等。

2. 网络安全漏洞

随着更多员工在远程工作，IT 人员需要更关注保护公司网络的安全性，包括检测异地登录、扫描账号被攻击的异常事件等，以保护公司敏感数据的安全。

3. 通信协调

当员工在家远程工作时，他们不能像在办公室那样，直接与其他同事进行沟通，这就需要 IT 人员协调使用通信和协作工具，例如，视频会议、共享文件和信息等。

4. 软件和硬件问题

在家工作的员工有时会遇到一些软件和硬件问题，例如，无法访问公司内部软件或服务器，或者遇到无法与打印机或其他外部设备互动的问题。

为解决这些难题，新奥集团与 IBM 公司合作，推出一款新的虚拟助手。该助手结合了 IBM Watson Assistant（IBM 的聊天机器人产品）和 IBM Watson Discovery（智能搜索和文本分析平台）技术的人工智能，以及 RPA 和 Automation Anywhere 解决方案的自动化功能，以解释和响应 IT 员工服务台请求。

在这个解决方案中，IBM Watson Assistant 这个聊天机器人，就是一个很大的亮点。例如，许多员工需要向 IT 人员或其他公司人员咨询问题，这样的沟通通常还需要填写许多信息或等待一段时间来得到答案。但是，IBM Watson Assistant 可以使这样的沟通立即展开，在家的人员也能马上愉快地开始对话。他们只要打开网页，就可以向 IBM 聊天机器人提出问题："我应该怎样重置 VPN 密码？"此时，IBM Watson Assistant 会像 ChatGPT 一样，使用自然语言处理（NLP）技术理解员工的问题，找到相关信息并回答。如果询问更具体的问题，Watson Assistant 仍然可以通过匹配语音字符串和实时请求进行交互。

在新奥集团的解决方案中，IBM Watson Assistant 扮演了一个极其智能的工作助手的角色，它能回答各种问题，为用户提供定制化的工作服务范围，并在没有烦琐的等待和填写表格等情况下，与员工和客户建立良好的连接和沟通。

此外，新奥的解决方案还结合了IBM的其他技术，例如，IBM RPA技术。它是一种基于预测、响应和自适应思想的人工智能技术，可以对大量数据进行分析和处理，从而帮助人们更好地了解当前情况和趋势，预测未来的变化。这是一个巨大的成功，每天完成2000～3000个任务，实施70多个业务场景，创造了数百万美元的价值，并将处理时间缩短了60%。同时，新奥选择在其现有的IBM RPA基础上，将IBM Cloud Pak for Automation产品的AI功能与IBM Watson Assistant和IBM Watson Discovery解决方案相结合，从而实现快速、大规模地设计、构建和运行自动化应用和服务，生产力得到了大幅度提升。

第二节　Otus以全渠道解决方案提高客户满意度

Otus缘起于美国，由资深的一线教师和学校管理者创建，其产品与服务的构建和研发，均基于解决教育中亟待解决的问题。该公司已将解决方案带到中国，主要面向中国教育的数字化与信息化。

Otus的EdTech平台，以前使用电子邮件与客户互动，但电子邮件不支持应用内通信这一缺陷，使其内部与客户间的沟通非常不便，这违背了Otus团队的核心关切之一：通过技术节省客户的时间。因此，Otus开始寻求一种灵活的全渠道解决方案，使他们能够随时随地满足客户的需求，在整个用户旅程中创造一流的体验，并提供强大的报告。为此，Otus引入了Intercom的ChatBot（聊天机器人）解决方案。

Intercom 是一家总部位于美国旧金山的软件公司，主要提供名为 Intercom 的在线客户交互平台，平台中的聊天机器人类似 ChatGPT。聊天机器人能够自主分析和处理用户的问题，并给出相应的回答和建议。通过聊天机器人，客户可以随时随地与企业进行沟通，获取所需的信息，提高用户体验。

Intercom 的聊天机器人还提供了一系列的功能，比如，自定义欢迎和告别消息、多语言支持、交互式选项按钮和卡片等。通过这些功能，聊天机器人能够实现更加快捷、生动的用户体验。

除了具有较高的智能化和交互性等优势外，Intercom 的聊天机器人还拥有极强的可定制性和灵活性，可以根据企业的具体需求进行个性化设计和配置，如定制自己的提问和回答、设计不同风格的聊天气泡等。

Intercom 方案实施后，Otus 借助其统一的客户沟通平台来了解客户的需求，利用自定义机器人自动化功能，实时为客户提供即时答案，并使他们能够自助服务。访问 Otus 网站的游客，可以通过聊天机器人与销售团队无缝连接，后者可方便地了解潜在客户的需求，并推动业务增长，客户转换明显提升。在机器人和自动化的帮助下，Otus 自动解决了 22.2% 的客户问题，客户满意度得分达到 97%，客户对公司快速、个性化的服务感到满意。

第三节　新华三+网易七鱼，双方联手提升呼叫体验

新华三智能终端有限公司，聚焦行业和智能家居两大板块业务，业务涉及行业和家庭生活向数字形态跃迁，为用户提供云屏、全屋网络等产品及解决方案。

随着企业规模的不断扩大，新华三在业务发展上遇到了一些瓶颈：一是传统服务主要基于400热线电话进行，高度依赖人工，且交互形式受限；二是面向非商业用户，有关售后、故障、忘记密码的咨询场景居多，处理偏向流程化；三是维修工程师常外出支持售后服务，因此对工单更新、回电等动作无法在办公室进行，需要在移动端进行处理；四是之前总部和分部的电话咨询相互转接流程不通畅，需要用户挂掉电话重新拨打，影响体验。

为了解决这些问题，新华三引入了网易七鱼。这是网易于2015年内测、2016年公测并于当年4月正式对外发布的一款智能客服机器人，是较早期的智能聊天机器人。网易七鱼可以支持来自APP、微信等其他多渠道的信息接入，同时支持图片、表情等多种沟通方式，其云客服系统还对接了企业的CRM，并支持多种方式创建工单，方便跨部门协作以及问题跟进，它还能给企业提供数据报表及分析。

212

新华三通过网易七鱼的多功能座席，将多个渠道的在线咨询汇集到一起，由人工客服统一处理。基于"智能识别"的能力，新华三智能终端开通了 VIP 服务专线，使集合了在线加呼叫和多功能座席两者的体系，可以同时满足传统用户和互联网用户的服务需求。

网易七鱼为新华三智能终端提供了移动端工作台，它适配多场景的移动端工作台，还支持一键转接第三方呼叫系统的功能，无缝衔接了热线咨询。

借助网易七鱼基于 AI 技术的在线机器人，新华三智能终端问题匹配率提高到 90% 以上，同时分流了 80% 左右的咨询量。在线机器人高效处理流程化咨询，客服机器人的问题解决率达到 80%，机器人问题匹配率也达到了 97%，加上云呼叫中心的应用，使新华三智能终端呼叫满意度连续多月保持在 98% 以上。

第四节　美的集团实现销售升级：引入聊天机器人解决方案

美的集团是一家覆盖智能家居、楼宇科技、工业技术、机器人与自动化和数字化创新业务五大业务板块为一体的全球化科技集团，在全球拥有约 200 家子公司、35 个研发中心和 35 个主要生产基地，业务覆盖 200 多个国家和地区。

随着公司的不断发展，美的集团在业务发展上遇到一些需要人工智能协助的问题。一是微信商城客户咨询的高频通用问题回复；二是工单系统建单操作复杂，多页面来回切换麻烦；三是机器人回复质量有待提高；四是客户画像无法实现精准营销。因此，美的把提升业务质量的关键目标浓缩为：（1）降低客服接待响应时长；（2）实现机器人回复0投诉；（3）提升店铺整体的回复质量。

为了达成以上目标，美的集团引入了晓多科技的聊天机器人Chatbot解决方案。

晓多科技有限公司的核心团队，是由来自百度NLP和京东JIMI机器人团队的人工智能专家组成的。该团队在自然语言处理和机器学习领域，有超过十年的理论和工程实践积累，拥有数十项自有知识产权和发明专利，并与哥伦比亚大学信息处理实验室、电子科技大学等高校学府开展联合研究，创立之初即获得百度"创始七剑"之一王啸天使投资。

通过全面了解业务现状及遇到的问题，晓多科技为美的制订了聊天机器人解决方案：1）通过定制实现微商城回复智能化；2）在客户端引入客户工单系统，节省客服建单操作时间；3）通过训练师定期优化场景识别，利用精准意图细化机器人应答；4）用会话自动打标，细化人群标签实现精准营销。

方案实施后，微商城的智能回复减少了人工客服接待，提升了客服工作效率，降低了平均响应时长。工单系统提升了客服建单效率，并缩短了售后处理周期。机器人在应答方面逐渐进入精细，能够支持关联商品、商品类型、订单状态等回复，实现了更智能精准的人机应答，从而使美的集团的销售应答质量显著提升。

第五节　满帮集团AI应急方案：家庭工作更轻松

满帮集团是 2017 年 11 月 27 日，由江苏满运软件科技有限公司（运满满）与贵阳货车帮科技有限公司（货车帮）合并的集团。集团平台认证驾驶员超 1000 万人，货主超 500 万人，业务覆盖全国 339 座主要城市，是互联网物流领域的超级独角兽。

2019 年新冠疫情暴发，为物流行业、货运司机都出了一道难题，满帮集团也遭遇了员工健康、司机权益、快速上线、实现家庭座席全覆盖的挑战。如何确保货车司机的权益，又能让自身座席人员在安全的环境下做好疫区物流的服务保障，成为满帮集团面临的重大难题。

为了解决这些挑战，满帮集团紧急与 Avaya 联系制订应急方案。

Avaya 是满帮集团的长期合作伙伴，是北京神州世通信息技术有限公司的产品，神州世通是 Avaya 在中国地区的重要合作伙伴。Avaya 是以通信产品的集成、应用、销售、服务为一体的新一代高科技公司。

满帮集团下属联络中心，从设计规划、实施部署到后期运维都由 Avaya 负责。针对此次突发疫情，Avaya 紧急成立了项目小组，为满帮集团提供了符合业务需求，同时兼顾高安全性的远程家庭座席解决方案，定制了居家电话外呼业务，部署了远程家庭座席、分散式家庭办公的解决方案。依据新的解决方案，座席人员在家即可通过手机 APP 开展电话外呼业务，不受个人 PC 硬件的限制，实现了为客户提供持续的优质服务、保证疫情期间货运司机行程顺利进行的目标。

在项目团队及合作伙伴的通力配合下，仅用 4 天时间，Avaya 就完成了第一批家庭客服的开通工作，并且此方式下座席的通话仍可被正常录音，保证联络中心的统计、合规监管不受影响。远程家庭座席的开通上线，大大减轻了满帮集团客服人员的工作难度。

第六节　元宇宙头条集成ChatGPT-4极大提升用户体验

元宇宙头条是一款手机 APP，它是 META NEWS LLC 旗下头条交流平台，是元宇宙、人工智能和科技头条信息的集散地。元宇宙头条首页即可看到多个频道的新闻和资讯，包括头条、ChatGPT、NFT、好莱坞 3.0、游戏、视频、政策、MN 原创等频道，APP 还集成了最新版的 ChatGPT-4，可免费使用，是给国内用户最大的福利之一。

元宇宙头条中部署的 ChatGPT 是通用型的，其功能与 OpenAI 公司最新版的 ChatGPT 功能相同。我在手机上安装了这款 APP 后，马上就开始试用它集成的 ChatGPT，第一个问题就是请它为我写一篇推广"元宇宙头条"APP 的推广文案，没想到它写得比我要好。

欢迎加入"元宇宙头条"！这是一款专为全球华人而打造的头条交流

平台，可以让你随时随地获取最新的元宇宙资讯和热点要闻。

作为 META NEWS LLC 旗下的头条平台，我们已于 2022 年 5 月 20 日正式上线，并推出了国际中文版和英文版，打通了双平台的内容、数据和账号体系。我们致力于为更广泛的人群、企业和各级政府有关机构服务，让每个人都可以轻松获取元宇宙的最新资讯、深度评论、原创视频图集等精彩内容。

在"元宇宙头条"上，你不仅可以浏览各种频道的热门内容，还可以自由创作精美图文，发布自己的专属微头条，上传发布独家内容。你也可以关注其他用户，互相之间可以实时互动，最快速度看到关注对象的更新。最重要的是，我们集成了最新的 ChatGPT4，让你可以免费方便地体验和使用 ChatGPT 的各种功能。

无论你对元宇宙、ChatGPT、人工智能，还是对游戏、NFT 等感兴趣，都能在"元宇宙头条"中找到属于自己的世界。下载"元宇宙头条"，开启你的头条之旅！

参考文献

1. OpenAI 公司网站：https://OpenAI.com/

2. 微软必应网站：https://www.bing.com/

3. Github 软件项目托管平台：https://github.com/

4. 维基百科：https://www.wikipedia.org/

5. 百度百科：https://baike.baidu.com/

6. 百度文心一言网站：https://yiyan.baidu.com/